U0182468

工业革命书系
工业革命3.0

[澳] 尼古拉斯·约翰逊
（Nicholas Johnson）
[澳] 布伦丹·马基-陶勒
（Brendan Markey-Towler） 著

张淼 译

自动世界

第四次工业革命经济学

ECONOMICS OF
THE FOURTH INDUSTRIAL
REVOLUTION

Internet, Artificial Intelligence and Blockchain

中国科学技术出版社
·北 京·

Economics of the Fourth Industrial Revolution: Internet, Artificial Intelligence and Blockchain
Copyright © 2021 Nicholas Johnson and Brendan Markey-Towler
Authorised translation from the English language edition published by CRC Press, a member of the Taylor & Francis Group. Copies of this book sold without a Taylor & Francis sticker on the cover are unauthorized and illegal.
Simplified Chinese translation copyright © 2023 by China Science and Technology Press Co., Ltd.
All rights reserved.
北京市版权局著作权合同登记　图字：01-2022-5731。

图书在版编目（CIP）数据

　自动世界：第四次工业革命经济学 /（澳）尼古拉斯·约翰逊,（澳）布伦丹·马基-陶勒著；张淼译 . —北京：中国科学技术出版社，2023.7
　书名原文：Economics of the Fourth Industrial Revolution: Internet, Artificial Intelligence and Blockchain
　ISBN 978-7-5046-9980-0

　Ⅰ . ①自… Ⅱ . ①尼… ②布… ③张… Ⅲ . ①自动化技术—普及读物 Ⅳ . ① TP-49

中国国家版本馆 CIP 数据核字（2023）第 035817 号

总 策 划	秦德继				
策划编辑	申永刚　刘颖洁		责任编辑	刘 畅	
封面设计	仙境设计		版式设计	蚂蚁设计	
责任校对	焦 宁		责任印制	李晓霖	

出　　版	中国科学技术出版社
发　　行	中国科学技术出版社有限公司发行部
地　　址	北京市海淀区中关村南大街 16 号
邮　　编	100081
发行电话	010-62173865
传　　真	010-62173081
网　　址	http://www.cspbooks.com.cn

开　　本	880mm×1230mm　1/32
字　　数	183 千字
印　　张	10
版　　次	2023 年 7 月第 1 版
印　　次	2023 年 7 月第 1 次印刷
印　　刷	河北鹏润印刷有限公司
书　　号	ISBN 978-7-5046-9980-0/TP·453
定　　价	79.00 元

致　谢 |

　　当然，我们要感谢在撰写本书时许多人给予了我们知识和个人方面的支持。俗话说，一个人一生应该做三件事：种一棵树，写一本书，生一个孩子。抚养一个孩子需要一个村庄的人，写一本书也差不多。如果没有我们地球村的支持，这本书就不可能写成，更不用说带给人们启发了。

　　首先，要感谢劳德里奇出版社（Routledge）的编辑克里斯蒂娜·阿博特（Kristina Abbott）给了我们出版这本书的机会，并鼓励我们抓住这个机会。布伦丹第一次见到克里斯蒂娜是在 2017 年纽约的一次会议上，当时克里斯蒂娜找到他，讨论出版一本关于技术传播的书的可能性。我们（尼古拉斯和布伦丹）考虑写这本书已经有一段时间了，在接下来的一年里，克里斯蒂娜继续鼓励我们把这个想法变为现实。我们非常感谢她给了我们这个机会，并且鼓励我们，让我们抓住机会把自己的想法带给这个世界。

　　尼古拉斯想要感谢近年来一些人为他提供的专业和学术建议，这些建议可能与本书无关，但在本书的写作期间起到了重要作用，因此也间接地影响了这本书的创作。尼古拉斯毕业于昆士兰科技大学，他想特别感谢他的导师斯坦·赫恩（Stan Hurn）教授。他还想感谢安纳斯蒂纳·西尔文诺伊宁（Annastiina Silvennoinen）博士和蒂莫·泰拉斯维尔塔（Timo Teräsvirta）教授。昆士兰大学（Vniversity of Queensland）也是尼古拉斯的母校，他想感谢托马斯·泰姆勒（Thomas Taimre）博士。尼古拉斯也想感谢他在"无国界经济学家"（Economists Without Borders）、"世界经济论坛全球杰出青年社区"（World Economic Forum Global Shapers Community）、"欧亚思全球视野社区"（Horasis Global Visions Community）、"UNLEASH 创新实验室"（UNLEASH Innovation Lab）、"澳大利亚经济学会（昆士兰）"[①]和"公益经济学"（Pro Bono Econos）的许多同事，他们恰好为这本书提供了各种信息。

在知识支持和发展方面，布伦丹想感谢他在昆士兰大学的导师约翰·福斯特（John Foster）教授和彼得·厄尔（Peter Earl）副教授。这两人是布里斯班俱乐部的核心人物，并对由此产生的模型做出了开创性的贡献。他们还花费了大量的时间和精力来帮助一个 20 岁出头的年轻人来理解它。他还特别感谢皇家墨尔本理工大学区块链创新中心（RMIT

①　英文名称为Economic Society of Australia（Queensland）。——编者注

Blockchain Innovation Hub）的同事们提出的对区块链技术的独特见解。贾森·波茨（Jason Potts）、辛克莱·戴维森（Sinclair Davidson）、克里斯·伯格（Chris Berg）、米凯拉·诺瓦克（Mikayla Novak）、达西·艾伦（Darcy Allen）和阿尔·伯格（Al Berg）是制度加密经济学这一新兴领域的先驱，我们向对区块链制度技术感兴趣的人推荐他们的作品。布伦丹特别感谢他在昆士兰大学的导师和皇家墨尔本理工大学区块链创新中心的同事在困难时期为他提供的个人支持。在谈话或工作中，常常他们的一句话就能决定他是会辞职还是继续工作。

我们还想感谢"傻瓜"约翰·汉弗莱斯（John Humphreys），我们一直非常欣赏他敏锐的才智和参与冗长哲学讨论的意愿。在我们的圈子里，"被当作傻瓜"指的是一种类似于伯特兰·罗素（Bertrand Russell）讲述的其与约翰·梅纳德·凯恩斯（John Maynard Keynes）之间的经历："当我与他争论时，我觉得我的生命掌握在自己手中，我很少不觉得自己是个傻瓜。"我们的想法经受住了这个"傻瓜"的审查，我们知道它们是合格的。

作为有抱负的年轻人，我们各自的事业还有很大的发展空间，我们俩都强烈地意识到了家庭在各个方面给予我们的支持。尼古拉斯想感谢他的父母克雷格（Craig）和苏珊（Susan），感谢他们多年来给予的爱的支持、持续的建议和个人牺牲，所有这些都帮助他寻找和抓住了他原本不会得到的机会。此外，尼古拉斯还想感谢他的三个兄弟，米切尔（Mitchell）、安德鲁（Andrew）和乔舒亚（Joshua），感谢他们的支持和亲密的友谊。布兰登永远无法偿还其父母保罗（Paul）和迪（Di）的恩情，在这段艰难的时期，他们给予了布兰登物质和精神上的支持。另外，如果没有他妻子露西（Lucy）的奉献，他不可能继续从事这个项目。对于这些伟大的人，我们俩都表达了最深切的感激和喜爱。我们希望这本书为他人的人生带来的价值能证明上述这些亲友为我们所做的牺牲都是有意义的。

目录 |

第一部分
工业革命：工业革命是什么，为什么它们很重要，如何分析工业革命

第二部分
互联网：超级竞争，超快增长，以及在全球市场上争夺注意力

第三部分
人工智能：彻底的自动化和人类
能力的扩展

第五部分
讨论与总结：利用第四次工业革命进行系统建设

绪论
如何以及为什么要理解第四次工业革命

　　我们可能会倾向于认为，我们的生活就像狄更斯（Dickens）的小说一样。我们完全可以说："我们这个时代是最好的时代，也是最坏的时代。"我们可能也会很想说，我们的生活越来越像这位伟大作家在《双城记》（*A Tale of Two Cities*）中描绘的工业革命时期那个冷酷无情的世界。我们质朴闲适的过去正一天天被工业和创新的洪流推得越来越远。随着新技术改变了我们习惯舒适的做事方式，我们周围的世界正在不断地发生着根本性变化。

　　我们会有这种感觉并非偶然。这是因为当下我们正处于第四次工业革命的开端。在 21 世纪的前 20 年，我们在观察创新的融合，这些创新正在从最根本的层面上改变我们工业系统的技术基础。在全球市场中，随着我们越来越多地借助亚马逊（Amazon）、谷歌（Google）和脸书①（Facebook）等媒介平台，全球化似乎已经不再是一种理念，而更多的成为

---

　　①　现已更名为元宇宙（Meta）。——编者注

一种日常现实。正如卢德分子（仇视新发明的人）们认为织布机的发明可能会威胁到织布工，我们现在发明的机器也正在制造人类自身可能被取代的恐惧。新发明的技术挑战了我们已经如此习以为常的民族国家的概念，而我们才刚刚开始观察这些技术。无论从哪方面看，似乎都有先知在告诉我们，我们会有一个反乌托邦式的或是乌托邦式的未来。

有一件事是肯定的，当我们观察到工业系统的技术基础发生了根本性的变化时，我们眼中的未来经济将与现在的经济大不相同。与第一、第二、第三次工业革命一样，第四次工业革命将从根本上改变我们的社会经济系统的结构和功能，在过去成功的或可行的生活和商业方式在未来不一定行得通。第四次工业革命将为利用技术提高人类在资源生产和分配方面的能力提供巨大的机遇。但它也将给个人、组织和社群带来深刻的挑战，因为这些技术的出现将破坏保障他们现有生活水平所需的商品和服务体系。为了抓住第四次工业革命提供的机遇，并在很大程度上缓和它在干扰人们日常生活方面造成的挑战，我们需要理解这些技术的动态特性是如何影响我们社会经济系统的结构和功能的。这就是我们写这本书的目的。

随着第四次工业革命的出现，聚合创新正在从根本上改变我们社会经济体系的结构，我们创作本书的目的就是对聚合创新进行经济分析。我们试图针对聚合型创新对于该结构的动态影响形成一种观点，根据这些动态影响预测可能的未来，并识别出可以把握的机会和有待缓解的挑战。我们还试图形成一种高层次的视角，来了解个人、组织内部的团体和社群可以做些什么来把握这些机遇，缓解这些挑战。这样做不是因为我们自认为已经确立了第四次工业革命经济学的最终定论，我们知道实际上还差得很远。如今一场关于我们如何利用汇聚起来的技术创造第四次工业革命的对话正在进行，我们是希望能通过这本书对这场对话做出一些贡献。

我们想把这本书定位为克劳斯·施瓦布（Klaus Schwab）的《第四次工业革命》（*The Fourth Industrial Revolution*）的延伸。施瓦布是最早意识到我们观察到的创新聚合现象正是一场工业革命的那批人之一，他创造了"第四次工业革命"（Fourth Industrial Revolution）这个概念，并首次全面概述了驱动这场革命的技术。在其作品中，施瓦布结合大量文献，对构成第四次工业革命的技术的各个方面进行了辩论，对第四次工业革命进行了极好的介绍。我们希望能将经济学的连贯、独特的理论视角引入本书，对我们所称的"超级技术"（驱动第四次工业革命的聚合创新的基础）进行研究，将施瓦布做出的贡献加以扩展。

我们相信本书所起到的作用很重要，因为当我们面对像工业革命这么大规模和复杂的现象时，有必要尽可能地将其简化，并运用连贯的理论来探索这些现象发生的动因。迄今为止，大量关于第四次工业革命的文献都是基于运用各种理论工具对各种技术案例研究的深入分析。这些文献都是很有价值的，但可能会导致人们"只见树木不见森林"，而且可能会导致人们对自己没有意识到的不同"树木"的特征展开争论。也就是说，我们认为，对于当下来说很重要的一点是在特定技术案例研究的基础上进行更深入的研究，看看我们能对技术聚合导致社会经济系统进化的核心动力说些什么。

我们通过引入一个连贯而独特的经济学理论视角来研究我们所认为的第四次工业革命的"超级技术"（这场革命中各种创新的来源），这大大降低了问题的复杂性，并揭示了这种现象的核心动力。我们希望获得一个连贯的视角，来研究随着第四次工业革命中"超级技术"的出现，社会经济系统结构演进背后的动力。通过运用这一理论视角来理解"超级技术"，我们也希望能响应并扩展施瓦布所做出的贡献，特别是在系统地辨认出这些技术带来的机遇和挑战，以及抓住机遇、缓解挑战的高级战略等方面。简而言之，我们希望能够通过本书让读者理解驱动第四次工业革命的动力，从而使他们能够调整自己生活和工作方式，适应这场革命所带来的改变，并实现深刻的进步。

第四次工业革命经济学的研究方法

我们将运用两种理论视角，对第四次工业革命的聚合技术进行经济学分析。通过第一种视角，我们能够确定并证明"超级技术"在第四次工业革命中居于中心地位的合理性。通过第二种视角，我们能够思考这些技术将如何影响社会经济系统的结构演化。第一种视角使我们在分析包括施瓦布作品中研究的第四次工业革命在内的聚合技术创新问题时，可以大大降低其复杂性，而第二种视角使我们能够理解这些技术在理论经济中的作用。

我们采用的第一种理论视角是"通用技术"（General Purpose Technologies），就像理查德·利普西（Richard Lipsey）在《经济转型》（*Economic Transformations*）中所概述的那样。通用技术是指在一个经济体中具有广泛应用范围的技术，它的结构和功能会成为该经济体技术基础的核心部分。它来自一系列更具体的技术，就像是从中"溢出的"那样。我们可以将其视为一组不同技术的核心"主题"——一组特定技术的共同技术基础结构。当这些不同的技术出现导致了社会经济系统的演化时，我们可以观察到它们由于技术结构的共性而导致的进化共性。因此，我们可以分析类同技术结构是如何在社会经济系统结构中产生足够相似的进化动力的，以此分析社会经济结构的演化。也就是说，我们可以通过分析通用技术来了解通用技术所带来的共同的、核心的动力技术。

我们将运用这一视角来研究这三种不同的技术，施瓦布等人认为它们构成了第四次工业革命，而且是由三种通用技术融合和相互作用所构成的，我们称之为第四次工业革命的"超级技术"。我们相信，而且一直在争论，互联网、人工智能和区块链这三种技术正是第四次工业革命发生的技术基础，并且正在我们的社会经济系统中引发大规模的演化变迁。我们认为，第四次工业革命的特征是三种通用技术（"超级技术"）——互联网、人工智能和区块链——的出现、融合和相互作用。

当我们说互联网是第四次工业革命的基础通用技术时，我们知道，互联网也可以说是第三次工业革命的基础技术。我们认为，互联网之所以可以被视为催生第四次工业革命的三大技术之一，是因为它已经从一种（确切地说）通信技术转变成为一种为社会经济互动提供基础设施的技术。作为一种技术，互联网的第一次迭代涉及它作为一种信息通信技术的能力。在实际应用中，互联网大大加快了任何经济系统所依赖的通信过程。可以说，它大大提高了我们社会经济系统的效率，但没有改变它们的核心结构。作为第四次工业革命的一项"超级技术",互联网是被当作经济交换的基础设施,支持新的经济互动形式,而不是使现有的经济互动变得更高效。

智能手机的崛起从根本上改变了这项技术,使互联网在第四次以及第三次工业革命中成为一项"超级技术"。智能手机的作用是在移动设备中嵌入互联网接入点,使人们可以随时随地轻松便捷地访问互联网,从而使互联网在日常生活中变得无所不在,而不仅仅在必要时才连接。作为第四次工业革命中的一项"超级技术",这种形式的互联网使社交媒体成为可能,而且变得无所不在;与电子商务平台的发展类似,互联网促进了"应用程序"(App)的传播,可以帮助我们管理从财务到冰箱的一切,而且它是物联网的支柱。这有助于使大数据集和增强现实成为可能。从本质上说,互联网是第四次工业革命的基础设施,为我们未来的社会经济互动提供了基础技术。

互联网为我们未来的社会经济互动提供了基础设施,人工智能则是第四次工业革命的基础通用技术,它为第四次工业革命提供了生产技术。人工智能,尤其是具有机器学习能力的人工智能,是第四次工业革命中的一项"超级技术",它从根本上减少了特定生产系统运转所需的劳动力,从而从根本上扩大了生产能力。很显然,它使完全自动化成为可能，不仅包括物理任务，还包括传统上涉及人类信息处理的任务。人工智能也使"无人机经济"成为可能，它赋予了机器人工智能，使它们能够完成从传送到起草文件草稿等任务。它把我们的计算能力进一步提高到惊人的程度，甚至能在科学发现方面取得一些进展，特别是当人工智能与互联网产生的大数据以及生物医学科学相结合时，这项技术可以用于改进诊断和基因测序过程。从本质上说，人工智能是第四次工业革命的基本生产技术，它的存在能使任何可以简化为算法操作的活动得以实现自动化。

然而，第四次工业革命不仅是一场社会经济互动和生产技术平台的革命，也是一场治理技术的革命，这就是为什么我们将区块链归为基础通用技术。区块链是一种制度技术，它允许私有化治理出现在以互联网为基础的社会经济互动平台上。作为第四次工业革命中的一项"超级技术"，区块链允许社群设计和开发治理结构，主要是保存一本由社会经济事实的真实记录组成的、按其需求定制的、不可更改的分布式记录册。它拥有从加密电子货币到智能合约，再到保存投票记录和身份信息等应用。在第四次工业革命中，互联网为社会经济互动提供了基础设施，人工智能提供了生产技术，区块链则会为由此产生的社会经济系统的制度化治理提供技术。

在简化第四次工业革命背后的聚合技术时，我们采用了一种独特的理论视角来看待社会经济系统及其演化，那就是"布里斯班俱乐部模型"①。原因在于，在分析第四次工业革命的技术时，我们更应该关注的不是在同等投入下新技术所增加的产出，而应该是它们给社会经济系统结构带来的进化推动力。第四次工业革命的更主要的特征将是，社会经济体系中现有结构的破坏和新结构的建立，而不是给定投入下产出的增加。布里斯班俱乐部模型适合用于分析这些动态，因为这个模型就是为了理解新技术是如何将进化动力学引入社会经济系统的结构而建立的。

21 世纪初，昆士兰大学的一群对复杂系统理论感兴趣的进化与行为经济学家提出了布里斯班俱乐部模型。贾森·波茨（Jason Potts）在《新进化微观经济学》（*The New Evolutionary Microeconomics*）中首次提出了这个模型，而后约翰·福斯特（John Foster）、库尔特·多普弗（Kurt Dopfer），以及彼得·厄尔（Peter Earl）和蒂姆·韦克利（Tim Wakeley）对这个模型进行了进一步的阐述。本书作者之一在博士论文中正式将这个模型称为布里斯班俱乐部模

---

① 布里斯班俱乐部模型：个体心理与社会经济环境相互作用，形成社会经济网络。——译者注

型，我们在目前的工作中应用的就是这个模型。布里斯班俱乐部模型将经济描述为一个复杂的、不断进化的、创造价值的交换网络系统，这个系统是由个人在其心理和社会经济环境的基础上，在技术的加持下所形成的。由此我们能够选择一种技术，研究它扩展人类能力的方式，然后把它放入一个经济模型中，组成一个复杂的、不断进化的、创造价值的交换网络，并观察它所产生的影响。在本书中，我们用这个模型分析和预测了第四次工业革命的"超级技术"可能会对我们的社会经济系统产生什么样的动态影响。在阐述每一项"超级技术"时，我们将首先说明这种技术是什么，它是如何扩展人类的行动能力的，然后应用布里斯班俱乐部模型，分析随着第四次工业革命的发展，这项技术可能会创造什么样的动态。

用这种方法对第四次工业革命进行经济分析后，我们得出了与埃里克·布莱恩约弗森（Brynjolfsson）和安德鲁·麦卡菲（McAfee）于2017年出版的《人机平台》（*Machine, Platform, Crowd*）一书中所提供的不同但互补的结果。布莱恩约弗森和麦卡菲在技术、心理学和经济学领域进行了大量的案例研究和学术工作，并进一步发展了他们在其早期作品中提出的有关人工智能和其他数字技术带来的趋势的观点。他们认为，大量的数字技术，特别是人工智能、机器学习和基于互联网的通信技术，正在聚合起来，促使机器超越人脑、平台超越产品、群众知识超越他们口中的"核心成员"的知识，即某个组织或群体在知识水平等方面有日益崛起的趋势。对于布莱恩约弗森和麦卡菲来说，利用推动这些趋势的技术，就是对组织进行设计，在人脑和机器、产品和平台、群众和核心成员之间的组织功能方面取得"正确"的平衡，而且心里明白现在这种平衡越来越倾向于机器、平台和群众。

我们借鉴了许多案例研究，但正如我们所概述的，同时我们采用了施瓦布等人提供的案例，并运用一个连贯的理论框架来推进我们的分析，这个框架旨在理解新技术带来的进化动力。因此，我们的作品是高度系统化的，我们希望把这三种"超级技术"认识清楚，理解其功能，并将这种功能与人类能力的扩展联系起来，理解它可能会给社会经济系统结构带来的变化。因此，我们希望能在某种程度上将布莱恩约弗森和麦卡菲总结得出的第四次工业革命的问题进一步减少和系统化，同时为读者提供一个不同的视角，所以阅读了布莱恩约弗森和麦卡菲作品的读者或许也应该读一读我们的作品。

论点概述

我们将分四个部分来完成这项研究。在本书的第一章我们将介绍社会经济系统的布里斯班俱乐部模型，它是一个复杂的、不断进化的网络，是个人在自身心理状况及技术支持下的社会经济环境的基础上采取行动而形成的，我们将用这个模型来分析第四次工业革命的"超级技术"。然后，在本书的前三部分中，我们将首先用布里斯班俱乐部的社会经济系统模型，来对第四次工业革命中的每一项"超级技术"进行理论分析，然后用一系列的案例研究来说明我们所认识到的动态影响是如何出现的。在每一个提供理论分析的章节中，我们都提供了一篇技术附录，为那些感兴趣的读者概述在布里斯班俱乐部模型的视角下我们的论点将如何铺开。在本书的最后一部分，我们把对第四次工业革命中各项"超级技术"的分析汇总在了一起，呈现由此产生的关于社会经济系统的观点。在这一部分，我们汇集了对这个新的社会经济系统所带来的各种机遇和挑战的评估，并利用布里斯班俱乐部模型来发展出一种视角，即个人、群体、社群可以采取某些行动，以发展出一种高层次的能力，抓住机会，缓解第四次工业革命带来的挑战。

在本书的第一部分，在介绍了布里斯班俱乐部社会经济系统的模型后，我们运用这个模型分析互联网的"超级技术"，揭示了在互联网技术快速发展的背景下，真正的全球市场正在形成，人们的日常生活将依赖互联网搜索的事实。我们将证实，如果一个个人或组织具有生产全球最佳产品或服务的独到能力，或者他们的产品或服务还没有替代选择，那么如今的大环境将为他们进入全球市场创造高速增长的机会。但我们也将证实，对于那些不具备这种能力的人来说，互联网会使他们面对来自全球市场的超级竞争。我们进一步展示了互联网是如何与人类的认知限制相互作用，从而使争夺潜在买家注意力的斗争成为第四次工业革命社会经济体系的核心。

在本书第一部分的最后，我们将讨论在第四次工业革命的时代，互联网为社会经济互动提供了基础设施，世界的互联性会如何变得更加混乱——演化过程将在几个月或几年里而不是几十年里发生。在本书的第二章中，我们将介绍各种案例研究，阐述随着第四次工业革命步伐的加快，我们认识到的影响是如何开始出现的。

在本书的第二部分，我们运用布里斯班俱乐部模型分析了第二项"超级技术"——人工智能，揭示了它是一种既有乌托邦又有反乌托邦性质的技术。我们发现，这项技术确实对人类社会构成了非常现实的挑战，因为它制造了许多"幽灵"，替代了人类劳动，带来了大量的失业。但我们也发现，人工智能为扩大人类生产能力提供了深刻的机会。制订生产计划需要运用判断、培养创造力，以及在社交和劳动中应用隐性知识，而人工智能可以对生产计划中的人类劳动进行补充。在本书第五章中，我们将介绍各种案例研究，阐述随着第四次工业革命的进展，社会面临着自动化的挑战和扩大生产能力的机遇，在这个大背景下这些情况是如何开始出现的。

在本书的第三部分，在运用布里斯班俱乐部模型分析区块链超级技术之前，我们使用了经济学研究机构的文献来研究区块链超级技术的性质，探索在制度治理发展中更多创业行动的潜力。我们将提出，那些需要制度治理的社群面临着一些特定的问题，区块链技术为他们创造以社群为基础的解决方案提供了重要的机会；但在实施那些运用了区块链技术的解决方案时，人们会面临一些挑战。我们展示了以区块链为基础的制度治理系统的开发者是如何面对挑战，形成和协调制度治理的期望，满足某些方面的要求，并为潜在的采用者群体实现互补性提供足够的空间的。在本书的第七章中，我们将再次介绍各种案例研究，阐述在第四次工业革命开始时，在以制度治理为依托、以社群为基础的问题解决方案出现的新时代，这些动态（创业规则）是如何开始发展的。

在本书的第四部分，我们将这些不同的分析汇聚在一起，以形成对未来经济，即第四次工业革命产生的经济的观点，并对它所带来的各种挑战和机遇进行系统化分类。我们看到了一个真正全球化的经济体系，在这个经济体系中，互联网形成的网络通过交换创造着价值，这种交换在很大程度上不受地理位置的限制，而且会在高速增长和高度竞争的环境中迅速演化。我们看到，在互联网编织成的全球网络中，大量生产系统变得自动化，人类只需要输入判断、创造力和隐性知识，就能使经济拥有巨大的生产潜力。我们看到的经济系统在很大程度上取决于采用的定制治理制度，这种制度是运用了区块链技术，由社群根据自己的需求设计和开发的。这些趋势使个人、团体和社群面临着相当大的挑战，包括互联网带来的全球市场难以协调的过度竞争和对人们注意力的争夺，完全自动化带来的大规模失业的威胁，以及在采用私有化治理系统时出现的难以协调的现象。但是，它们也为个人、团体和社群带来了巨大的机遇，比如在全球市场中建立创造价值的交换网络，大幅扩展人类的生产能力，以及为制度治理设计定制系统等方面。

在本书的第四部分中，我们还对个人、团体和社群能够做些什么来缓解第四次工业革命带来的破坏性挑战，并抓住随之而来的机遇进行了高水平的分析。每个层次的挑战都是系统建设（发展建立创造价值的交换网络的能力）的一部分。我们提出，在第四次工业革命中，要在个人和组织层面缓解破坏性的挑战并抓住机遇，关键在于发展和培养知识，以及一种"抗脆弱"的思维模式。布里斯班俱乐部模式表明，做到这两点的关键在于追求"经典"教育，这是一项高度通才的计划，旨在在一系列不同的领域构建知识，为知识的进一步增长创造基础。在组织层面上，能够组织个人对生产计划做出贡献、给予他们可用的新技术、为其赋能，是建立创造价值的交换系统的必要条件，在这一点上如今和以往一样。在社群层面，利用区块链推动形成依托于制度治理的定制解决方案，比如（特别是）在收入保险和理财方面，将是抓住第四次工业革命带来的机遇和缓解挑战的关键。

在本书的尾声部分，我们回顾了在分析第四次工业革命的"超级技术"时的发现，并对未来做出了乐观的展望。我们鼓励个人、团体和社群采取行动，了解并运用第四次工业革命的"超级技术"，使改善日常生活成为现实，并在最后发出提醒。我们相信，就像第一次、第二次和第三次工业革命一样，第四次工业革命将从根本上改善人类的生活，我们希望我们所做的工作将有助于大家利用第四次工业革命中出现的技术实现这一目标。

第一部分

工业革命：工业革命是什么，为什么

它们很重要，如何分析工业革命

第一章
工业革命的过去、现在与未来

这是一本旨在讨论技术大趋势及其与第四次工业革命经济学之间关系的书，在开始阅读前，明智的做法是暂停一下，确保我们都了解"工业革命"一词的用法和定义。此外，如果我们要讨论第四次工业革命，那么从历史和经济的角度简要讨论第一、第二和第三次工业革命肯定是有益的。

从经济的角度看，我们把"工业革命"定义为这样一类历史时期，其特点是创新技术在系统性和工业独立性方面实现了重大的突破性应用，这种突破使重要的经济制度或市场以新的表现形式出现成为可能，而且往往会在总体上促进生产力的发展，同时永久性地提高了人们的生活水平。

让我们把这条定义解析一下。"系统性"一词强调了行业内变化的组织性和普遍性，渗透到了商品和服务的采购、生产和销售的主要方面。"工业独立性"一词强调的是，工业革命并不局限于农业、航空或银行等单一行业。突破性应用的本质是，它们影响了大多数行业通用的核心操作流程。换句话说，突破性应用解决了广泛的基本问题或并不专属于某一行业的"痛点"。创新技术是工业革命的推动因素。没有可以得到应用和商业化的新知识或新思想，经济发展是不可能实现的。

我们的定义中有三个重要的限定条件。第一，被应用的技术必须使基本的经济机构能够以另一种形式存在或以截然不同的方式运作。或者，被应用的技术必须为经济活动中的买家和卖家创造全新的市场，使他们可以在其中交换商品和服务，而且这些商品和服务在以前要么不存在，要么是以其他旧有的市场形式进行交换的。第二，社会的总体生产力边界必须向外扩展。这意味着，被应用的技术必须使社会在资源相同的情况下能够增加经济产出。换句话说，经济生产率必须随着生产要素的增加而增加。第三，人口中代表性成员的生活水平必须提高。传统上，我们会用人均国内生产总值（GDP）来衡量，但现代的衡量方法可能会更多样，以更全面地了解人们的生活水平。从历史上看，这与工业革命的识别相关，因为尽管有的时期有许多新的技术创新出现，但人均国内生产总值在数千年里几乎保持不变。

从经济停滞到经济增长

在 18 世纪中期以前，世界上大多数国家的人均经济增长率都很小，小到几乎分辨不出来。曾经在很多个世纪中，全世界的人均收入并未发生实质性的变化。图 1.1 说明了英国的情况，我们之所以以英国为例是因为它的长期经济历史数据相对准确而且易于处理。英国也是引领世界步入工业革命的先行者。在第一次工业革命后的 200 年里，英国的人均经济增长率超越了人类历史上的最高水平，而且一直保持着高增长态势。

　　世界是如何从经济停滞的状态转变为经济繁荣的，这仍

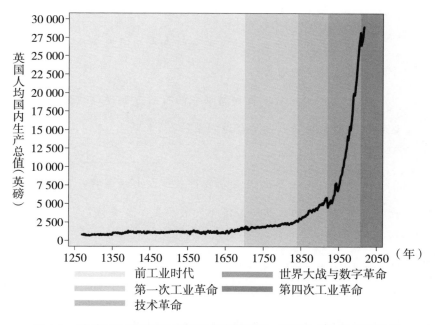

图 1.1　随时间的推移而呈现的经济繁荣状况：英国人均国内生产总值
（1270—2017 年）

资料来源：布劳德伯利（Broadberry）等人（2015）汇编的历史数据，
由托马斯（Thomas）和蒂姆斯代尔（Dimsdale）（2017）从英格兰银行
获得。

然是个谜，因为在专门为解释过去 150 年数据而构建的新古典经济增长（包括内源性或外源性技术变化）模型的框架内无法全面地描述这种转变发生的原因。在创立现代增长理论的过程中，学者们没有强调前工业时代的经济特征。随后出现了大量的学术研究，致力于回答下列问题：

● 为什么在经济史上的大部分时期人均国内生产总值几乎没有出现持续的增长？

● 什么样的技术发展和新形成的行为或制度结构为打破这种经济增长停滞创造了合适的条件？

● 为什么会发生人口转变？

● 为什么全世界的经济发展存在这么大的差异？为什么世界上有些经济体比其他经济体发展得更早、更快？

人们曾多次尝试构建一个统一的增长理论，揭示历史上不同阶段经济发展的潜在微观基础。2000 年，加洛罗（Galor）和韦尔（Weil）发表了一篇开创性的论文，在论文中他们介绍了一个统一的模型，包含了三种不同体制之间的过渡，这三种体制囊括了经济发展过程的特征，它们分别是：马尔萨斯式体制、后马尔萨斯式体制，以及现代增长体制。2011 年，加洛罗在《统一增长理论》（*Unified Growth*

Theory）一书中进一步扩展了这些概念。

这个模型假设，在前工业时代，经济始于一种马尔萨斯式多样化的稳定平衡状态。论文接着指出，技术的逐渐进步促进了资源的扩张，扩张的速度足以超越人口调整的延迟速度，这意味着人均国内生产总值开始上升。两位作者假设，技术进步导致了对人力资本的需求增大。结果是，在家庭预算有限的情况下，人们会将更多的资源用于养育子女，同时激励人们将这些资源更多地用于提升子女素质。

根据统一增长理论，在后马尔萨斯式体制中，由于人均收入的增加，家庭规模和子女素质都有所增长。不久之后，人力资本投资的增加使人口规模和人均收入之间的关系变得不再那么紧密。现代增长体制体现了这种新动态，技术进步增加了对人力资本的需求，这进一步激励家庭把更多预算投入在提升子女素质而非家庭规模方面。2011 年，加林德夫（Galindev）提出，与养育子女的费用相比，休闲商品的相对价格下降，从而强化了这种民主转型。

由此而来的人口转型也因此得到了解释，世界经济发展的巨大差异可以用每个经济体面临的初始条件的异质性来解释，包括地理、制度、人口、自然意外和历史等问题。2017 年，马德森（Madsen）和穆尔廷（Murtin）研究了教育的作用，发现在 1270—2010 年，在一系列宏观经济因素中，教育是英国收入增长的最重要的决定因素。2008 年，巴滕（Baten）和范赞登（Van Zanden）进一步证明了人力资本对任何长期增长模型来说都是非常重要的。

因为上面提到的三种体制在被选择时具有明显的临时性，所以统一增长理论受到了批评。例如，2016 年尼尔森（Nielsen）等学者提出，加洛罗等人提出的统一增长理论并没有最好地呈现出数据，相反，他们认为首先马尔萨斯陷阱并不真正存在，可以运用双曲分布更好地对增长率进行建模。2013 年，其他学者通过基于研发的创新扩展了统一增长理论框架，描述了生产率增长的出现，将统一增长理论的元素与新古典模型整合在了一起。

2002 年，汉森（Hansen）和普雷斯科特（Prescott）提出了另一种建模方法，他们将经济增长视为农业的马尔萨斯部门和现代工业与服务业的索洛部门的外源性因素。这个模型中提出了索洛部门的盈利阈值，必须超过这个阈值才能在生产过程中使用索洛部门。然而，正如伯格（Berg）和斯特利（Staley）在 2015 年所指出的，汉森 - 普雷斯科特模型受到了各种各样的批评。例如，现代生产率的更快增长是一种假设，该模型论断没有对这一假设进行很好的解释；没有对人力资本进行分析；在解释人口转型时没有参考恰当的微观基础。

下文简要概述了从经济停滞到经济增长走过的历程，突出了第一次、第二次和第三次工业革命以及前工业时代的有趣经济特征。我们建议读者阅读一些对这些经济时期进行了更多实证和理论研究的书籍与论文。我们希望下文的这些内容能够激发读者对人们如何获得效用，该效用是如何创造经济价值，以及如何推动工业革命的展开讨论。我们还研究了第四次工业革命的独特特征，这些特征将第四次工业革命和之前的经济发展时期区分了开来。

马尔萨斯动力学和前工业时代

18 世纪早期之前，世界上大部分的经济历史都是马尔萨斯陷阱的缩影。马尔萨斯陷阱是一种经济状态：技术进步带来了资源扩张，为了平衡由此产生的人口扩张，结果长期的人均生活水平在大体上保持不变。马尔萨斯 1798 年作品中的"工资钢铁定律"反映了这个现象，基于当时的历史数据，马尔萨斯对经济增长的前景持有悲观的看法，这也是经济学一度被称为"沉闷的科学"的原因之一。

图 1.2 和图 1.3 呈现了马尔萨斯经济学的本质。图 1.2 所示的数据显示，1350 年前后，黑死病在欧洲肆虐，导致数千万人死亡，不久，人们的收入开始上升。最终，随着人口水平的恢复，人们的收入开始下降。图 1.3 用更抽象的形式说明了这一

点。在这几个世纪里，任何技术进步都会增加人口规模，但都没有对工资水平带来任何实质性的影响。2011 年，阿什拉夫（Ashraf）和加洛罗引入了一个更全面、更有活力的马尔萨斯模型，其中涉及世代重叠，他们用这个模型展示了土地生产力是与前工业时代的人口密度有关，而不是人均收入。由此，亚当·斯密（Adam Smith）在《国富论》（*Wealth of Nations*）中说道："任何国家繁荣的最具决定性的标志是其居民数量的增加。"

不过，现实中的经济就要更微妙一些。2016 年，钱

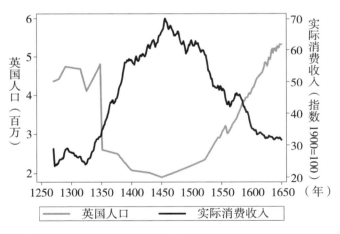

图1.2　马尔萨斯陷阱的实证说明：应用了移动平均滤波器原理的英国人口与实际消费收入的对比指数（1270—1650 年）

资料来源：2017 年，托马斯（Thomas）和迪姆斯代尔（Dimsdale）从英格兰银行获得的历史数据。

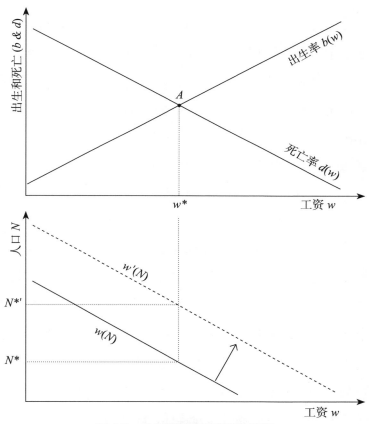

图 1.3　马尔萨斯陷阱的理论说明

注：基础的马尔萨斯模型表明，出生率和工资之间存在正相关关系，死亡率和工资之间、人口规模和工资之间存在负相关关系。人口规模和工资之间存在负相关关系是因为，当可利用的土地资源固定时，人口一旦增加，劳动力带来的收益就会减少。A 点处保持着稳定的人口数 $N*$。像黑死病这样的死亡事件会导致工资 w 多于 $w*$，然后人口增长，经济在 A 点恢复平衡。技术进步会使经济从 $w(N)$ 上升至 $w'(N)$，但其他条件不变，这最终会导致人口增加（$N*$），工资 $w*$ 不变。

尼（Chaney）和霍恩贝克（Hornbeck）分析了1609年西班牙驱逐摩里斯科人时的经济数据，展示了特定的社会制度和文化因素会影响马尔萨斯动力学的融合速度，使人均收入持续显著提高。2015年，富凯（Fouquet）和布劳德伯利（Broadberry）指出，也有大量的数据表明，在意大利文艺复兴和荷兰黄金时代之后，欧洲经济经历了阶段性的经济增长，但增长时期是短暂的。而其他欧洲国家的经济状况在此之后开始恶化。

马尔萨斯陷阱不应被解读为宏观经济变量是稳定的，没有什么值得关注的事情发生。虽然由于各种战争以及其他经济事件或自然灾害，人均国内生产总值相对而言波动相当大，但问题是，几乎没有证据表明人均收入出现了任何持续增长。2008年，艾亚尔（Aiyar）、达尔高（Dalgaard）和莫阿夫（Moav）提出，我们可以对在一段时期内出现的技术和经济衰退做出部分解释，即在历史上，技术和人力资本所产生的作用并不总是像如今我们通常认为的那样显著。有趣的是，2010年马德森、昂（Ang）和班纳吉（Banerjee）得出了结论：英国技术创新方面的数据更有力地证实了熊彼特经济增长模型（而非半内生增长模型）的合理性。

经济史文献中有大量研究表明，如果一个经济体没有技术上的实质性进步或获得新土地，那么它的人口往往是稳定的。他们的人均收入水平往往也会保持相对稳定。技术能力更强大的国家最终能够养活更多的人口，但其人口的平均生活水平仍与较不发达的经济体相差无几。

第一次工业革命

第一次工业革命，被普遍认为发生在约 1760 年到 1840 年的英国，由于其是世界上第一个摆脱马尔萨斯陷阱的经济体，所以经常被视为模范经济体。改良蒸汽机的发明和铁路的广泛建设使机械生产成为可能，并为通信和贸易网络提供了新的发展可能性。简而言之，技术的发展使基础设施得以完成建设，能够在资源相同的情况下，在给定的时间框架内为更有价值的商品和服务的生产提供支持。基础设施也得到了发展，也为更大的全球通信、贸易和投资市场的发展提供了条件。农业以外的行业对国内生产总值的贡献占比变得越来越大。

这一经济发展阶段一般也被加洛罗等学者称为"后马尔萨斯式体制时代"。然而，2014 年莫勒（Møller）和夏普（Sharp）提出，在工业革命开始的大约 200 年前，英国就"已经逃离了马尔萨斯体制时代"。他们是在估算出出生（和死亡）率与收入之间的协整向量自回归（Cointegrated Vector Autoregression，CVAR）马尔萨斯模型的基础上得出了这个实证结论。2016年，克伦普（Klemp）和莫勒提出了一个重要观点：一个短暂的后马尔萨斯体制时代可能不是经济体从停滞走向持续增长的必经阶段。这可能是英国经济的一个独特特征。

有关工业革命这个主题的论文和著作已经很多了。在过去的150年里，经济历史学家对其起源的细节和性质进行了大量生动的学术辩论。20世纪后半叶，随着统计方法的进步人们开发出了新的工具，比如格兰杰因果关系检验，学者们用它来进行有关预测性因果关系和显著性的辩论。1985年，乔尔·莫基尔（Joel Mokyr）在他的著名文段"工业革命和新经济史"中，确定了以下4种基本的思想流派，理解它们将有助于理解该主题下的诸多学术和专业论文。

社会变革学派

这个学派的论文和专著倾向于认为，工业革命主要是基于经济市场的一种制度变化，在市场上，人们和法律实体可以聚到一起，交换商品和服务。他们重点关注的是最终产品和供应链上更高一级生产要素的新市场的诞生。作为这一学派的一位早期学者，莫基尔指出，阿诺德·汤因比（Arnold

Toynbee）的著名的《英国工业革命演讲稿》（*Lectures on the Industrial Revolution*）中有这样一句话："工业革命的本质是用竞争取代了中世纪控制财富生产和分配的规则。"

产业组织学派

这个学派的论文和专著往往局限于公司经济和管理结构的显著变化，以及资本在生产过程中的角色变化。技术进步带来了蒸汽机和棉纺机械等新资本商品的发展。这些资本商品大多是机器和工具，其中的许多资本商品与农业种子和原材料等流通资本商品相比，其性质明显是固化的。芒图（Mantoux）是这一学派的一位早期的典型学者。

宏观经济学派

这个学派的论文和专著主要探讨经济增长模型的发展，以及诸多聚合的宏观经济变量之间的理论与实证关系。库兹涅茨（Kuznets）和罗斯托（Rostow）是用这种方法研究工业革命的典型早期代表人物。

技术学派

这个学派的论文和专著倾向于研究新技术在一段时期内的发展，并追踪某些发明和创新是如何影响劳动力市场、营销过程、生产过程和生产率增长的。莫基尔认为，这一思想流派的一个绝佳的早期代表人物是兰德斯（Landes）。

实际上，在工业革命中，人们在各种各样的生产过程中首次广泛地用机器取代了人力。这是历史上第一个人口和人均收入同时增长的时期。导致生产力提高的因素有很多，但经常提到的包括棉纺、炼铁工艺的提升，以及蒸汽动力和大量生产金属部件的机床的出现。霍布斯鲍姆（Hobsbawm）于1962年发表的论文、布朗（Brown）于1991年发表的论文，霍恩（Horn）、罗森班德（Rosenband）和史密斯（Smith）于2010年发表的论文，以及里格利（Wrigley）于2018年发表的论文都是概述了这一历史时期经济发展的关键文本，我们建议读者阅读这些论文，然后进行延伸讨论。

尽管有证据表明，在1750—1813年，英格兰的实际工资增长接近于零，随后每年增长1.2%，但要对这一时期实际工资增长趋势做出经验估计是非常困难的，会遇到很多问题。1961年，哈特韦尔（Hartwell）找到了合理的证据，表明英国人的预期寿命在19世纪早期增长缓慢，在1840年之后增长速度加快。哈特韦尔还总结得出，这种预期寿命的增长更多是基于经济和社会环境的改善，而不是严格意义上的医学进步。

在工业革命期间，英国的经济基础设施和制度发生了巨大的变化，但范斯坦（Feinstein）、科姆洛斯（Komlos）和斯诺登（Snowdon）提醒我们，至少在工业革命早期，在考虑到人均收入以外的其他指标的情况下，这些变化对普通工人的实际生活水平可能没带来多大的积极影响。1998 年，什雷特（Szreter）和穆尼（Mooney）指出，19 世纪中叶以前，工业区和城市工人阶级家庭的儿童死亡率一直居高不下。2004 年，福格尔（Fogel）强调，直到 20 世纪，工业革命期间社会发生的巨大经济转变才实质性地改善了工人阶级的营养状况，并且降低了他们的死亡率。

第二次工业革命

第二次工业革命，或者说技术革命，大约发生在 1850 年到 1920 年之间。它的关键特征是，电力、电信、运输和生产线推动了思想、资源和商业的交流，制造业和有组织的生产能力取得了巨大进步。在这一时期，整个供应链中涉及的技术得到广泛采用，实现了创新整合，人们还利用电力和更好的商业管理方法改变了生产过程和商业贸易。由于这一时期对经济增长带来了很大的影响，而且相比之前的马尔萨斯式体制，其制度发生了很大的转变，所以加洛罗等学者把从技术革命到现在的经济发展时期称为"持续增长体制时代"或现代增长体制。

生产力的提高可以追溯到几项技术的进步。特别是以下几个方面：（人们）开发出了大规模生产建筑和机械用钢部件的贝塞麦炼钢法；修筑庞大的铁路网，方便人员和商业运输；修筑苏伊士运河，发明更大、动力更强的船只，让水路贸易变得更容易；发明电报和电话，实现信息的快速传递；引入电气设备（例如，受控照明设备）和交流电技术来调控电气设备；开发支持石油工业的技术，生产出了燃料、一系列有用的化学品和其他材料。当然，伴随着技术革命，橡胶、内燃机、汽车和载人飞行也随之出现。与工业革命时期的技术进步相比，技术革命时期的网络效应以及技术发明在各个行业的广泛采用使人们的生活水平有了更快的提高，如图1.1所示。在技术革命的后期，（英国）国内消费市场在人口急剧增长和收入增加的刺激下，成为新产品（包括耐用品）发展的重要推动力（尤其是在美国）。

同样值得注意的是，与工业革命一样，技术革命在很大程度上仍然是以欧洲为中心的，在创新和产业转型以及利用前沿技术提高生产率方面，欧洲各经济体在当时仍然处于世界领先地位。19世纪60年代，"资本主义"一词首次在公共和经济领域被广泛使用。许多学者指出，当时欧洲社会（尤其是英国）的各种与经济相关的制度（特别是银行、管理和法治）已经足够成熟，足以支持价值创造和交换方式的大规模转型。霍布斯鲍姆甚至说："（英国的）工业革命吞噬了（法国的）政治革命。"

在 1889 年技术革命的高峰时期，美国经济学家大卫·威尔斯（David Wells）坦率地写道，无数次的经济变革颠覆了旧的行业，并带来了许多新的机遇和挑战。他的原话是：

在过去四分之一个世纪里（或者说这一代）发生的经济变化无疑比世界历史上的任何时期都更加重要和多样。事实上，似乎从人类文明诞生以来，人们一直在为工业生产制造所需设备——发明和完善工具和机械，建造车间和工厂，设计便于人员和思想交流的工具，以及为产品和服务的廉价交换创造条件。后来，这些设备终于准备好了，也就是在我们这个时代，人类开始第一次真正使用它们了；然而，可以说以前或现有使用、消费条件下的每一个社群的工具和机械数量正变得饱和。直接的结果是，在这个世界上，我们从未见过有任何东西可以与近期的陆地、水上交通系统的变化相媲美；人类从未在这么短的时间里经历过如此大规模的"商业"的扩张；也从未在给定的时间里，在劳动力数量一定的情况下，在生产方式方面取得如此大的成就。同时，或者说作为这些变化的必然结果，社会中出现了一系列广泛而复杂的干扰。这主要表现在生产和分配成本大大降低，因此几乎所有主要商品的价格都大幅度下降，贵金属的相对价值发生了根本的变化，新发明和发现使大量资本受到损害，而利率和利润的大幅降低又使更大数额的资本受到损害，劳工感到不满，各国之间的敌对日益加剧，使得工商业竞争加剧。在这些变化之外，可能还会发生进一步的动乱，来破坏目前的整个社会组织，甚至会影响人类文明的延续。在许多有思想但保守的人看来，世界似乎充满了来自内部的野蛮人，而不是像以前那样来自外部。

（Wells 1889, p. v）

许多行业都在努力适应快速的变化，尽管人均收入不断提高，但随着大量新工作的出现和旧行业的消失，城市化进程的加快和劳动力构成的改变带来了严重的社会挑战。人们的平均工资可能一直在上涨，但工人的平均住房条件相当差，工作条件大多不受监管，带来了一些本可预防的伤害，人们的健康状况也不佳。除了这些由工业化引起的城市问题，随着经济重心的转移，因农村遭到持续忽视所引发的问题同样值得重点关注。

第三次工业革命

第三次工业革命，或者说数字革命起源于第二次世界大战后的 20 世纪 50 年代，结束于 2005 年左右——智能手机和多功能移动计算设备首次普及的时候。数字革命的重要特征是微处理器和其他各种用于计算、通信和数据存储的电子设备的大规模生产。这一领域的快速发展引起了研究者的极大关注。从本质上讲，在这个时期，符合摩尔定律的计算能力、存储能力以及新的数据传输技术迅速崛起。这种新技术最具经济价值的应用包括个人电脑、只读光盘（CD-ROM）、互联网、自动柜员机、数码相机和手机。

请再返回看一下图 1.1，我们会发现，在数字革命期间，人均收入的飙升速度远远超过了前两次工业革命。当然，生产过程也产生了一些污染，人均收入这一指标无法体现出这一点。上述技术发明通过几种方式提高了生产率。例如，人们能够用电子邮件沟通，或在通勤途中用手机进行即时沟通，意味着人们用于等待回复的时间会更少，这降低了沟通成本，可以使人们更快地做出决策，提高劳动生产率。这类技术包括通过电子邮件实现高成本效益的一对多通信技术，取代了旧有的通过电话或信件实现的一对一通信。这种可扩展性推动了许多业务的发展。这类技术也使出差者在离开普通工作环境的情况下变得更有效率。此外，通过构建有组织的数字存储和检索系统，创造根据需要搜索、再制造和复制信息的手段，知识的商品化产生了积极的外部因素，带来了更多的人力资本资源，也提高了劳动生产率。此外，处理和解释数据的能力增强，使许多行业的建模更加准确，为意外事件做了更好的准备，在可避免的错误上减少了时间和金钱的浪费。人均产出大幅增长的另一个重要原因是，计算机取代了人类的日常管理功能。工作者不仅可以拥有自由时间，解决更高层次的问题和任务，而且他们可以在更短的时间内完成行政工作，同时犯下更少的错误，付出更小的代价。然而，正如帕比洛尼亚（Pabilonia）和佐吉（Zoghi）在 2005年所指出的，只有当工作者能够学习新的技能，运用新的、更高效的技术时，工资才会上升。我们对于之前许多工作岗位的认知必须重新构建。世界各地的即时通信使企业更能负担得起劳务的国际外包，许多小型企业得以能够进入全球市场并在其中成长发展。

如果说第一次和第二次工业革命是用机器取代了人，通过人和产品的物理运动，使世界更好地连接在了一起，那么第三次工业革命就是用计算机取代了人，通过信息的数字运动，使世界更好地连接在了一起。数字革命影响了全球的各行各业，甚至在欠发达的经济体中也是如此。不过，发展最快的经济体拥有最高水平的人力资本、以电信基础设施形式存在的广泛固定资本，以及大量的支持性产品和服务。这就是为什么美国可以说在经济增长和创新输出方面引领了全球的数字革命，取代了欧洲国家在（前两次）工业革命中的领导地位。

第四次工业革命

第四次工业革命大概发生在自 2005 年以来的经济转型时期，其特征是基于数字革命的新数字技术与物理和生物领域的技术应用的融合。这种融合也被称为"技术融合"。

世界经济论坛（World Economic Forum）的创始人兼执行主席克劳斯·施瓦布因让全世界注意到第四次工业革命的重要性而受到赞誉，他提出了一个难以辩驳的事实，即目前的经济制度、行业与社会所面临的转型的特征，与数字革命中所看到的在本质上完全不同。他在开创性著作《第四次工业革命》中提出，从以下几个方面看，目前的工业革命超越了数字革命：①技术融合的速度；②制度变迁对我们的身份和工作方式的重塑极具广度和深度；③系统层面的影响，不仅限于行业、国家和地区内部，而且是横跨各个行业和国家和地区。

　　施瓦布列出了他认为第四次工业革命中最具影响力的"技术大趋势"，这些趋势支撑并推动着我们目前所看到的变化。在物理领域，他提到了无人驾驶汽车、3D 打印、先进的机器人技术以及用于建造（建筑物）和设计的新材料等技术进步的作用。在数字领域，他强调了所谓的（工业）物联网（IoT/IIoT）、区块链应用和为大量用户设计的各种数字平台的普遍影响。在生物学方面，施瓦布强调了合成生物学、健康保健和神经科学的快速发展。在续作《塑造第四次工业革命的未来》（*Shaping the Future of the Fourth Industrial Revolution*）中，施瓦布探讨了第四次工业革命的许多其他技术趋势。

　　在本书中，我们提出，就技术大趋势对经济及其形成环境产生的已然实现的和潜在的影响而言，基于不断发展的互联网技术的最新一代数字平台和工业物联网系统，许多创造性的区块链应用实例（不仅仅是加密货币），以"智能化"取代自动化的人工智能的应用，是所有这些趋势中最重要的三个。

　　下面我们将描述第四次工业革命的一些最显著的经济影响。首先，我们见证了创新、颠覆和市场渗透的速度呈指数增长。例如，在第一部苹果手机（iPhone）发布后的几年内，全球智能手机的使用数量就超过了 10 亿部。我们还看到了前所未有的规模收益，许多数字企业的边际成本现在趋于零。在生产过程中，资本与劳动力角色的转变至关重要，因为在许多行业，资本收益正在超过劳动力收益。我们还观察到，随着技术降低了满足消费者未被满足的需求的成本，许多意想不到的新市场和生态系统创建了起来，新的商业模式在操作上也变得可行。在某些情况下，这可能意味着市场中的搜索成本降低了。在其他情况下，可能是技术在幕后支撑、解放企业，使其能够为商品和服务增添更多人文要素。

第四次工业革命也带来了一些挑战，比如经济不平等加剧，去制度化和去中心化带来的短期的不稳定性影响，以及在未来工作和未来经济增长来源上持续存在的不确定性。随着全球人均收入在过去的 20 年里快速增长，曾经的世界收入双峰分布已经变得更加单峰化了。它还引发了目前正在进行的一些讨论，比如：国家未来的经济命运会在多大程度上取决于它们的过去？未来经济是否可能持续增长？就测量到的平均值而言，第四次工业革命可能是各经济体之间的一个很好的平衡器，但各经济体内部的财富和收入差距普遍在扩大。也有大量证据表明，第四次工业革命不像其前身数字革命，它主要不是由美国经济主导的。其他一些经济体，尤其是中国，正在产生足以与美国匹敌的技术创新，而且拥有足够成熟的商业生态系统来支撑全球商业化。

施瓦布在书中写道，他清楚地认识到了这些挑战：

第四次工业革命不仅仅是对技术驱动变革的描述……我们需要对新技术之间的相互联系，以及影响我们的或微妙或明显的方式加深理解，在就投资、设计、采用（新事物）和再创造等方面做出决定时，反映和放大人类的价值。除非我们能够理解人与技术的互动方式，否则我们很难在投资、政策和集体行动方面展开合作，并对未来产生积极的影响。因此，第四次工业革命带给我们的最重要的机遇是：站在更高的高度上，将技术视为简单的工具或不可回避的力量，找到方法，为尽可能多的人赋能，通过影响和引导围绕着我们、塑造了我们生活的系统，给家庭、组织和社群带来积极的影响。这里谈到的系统，指的是指导我们日常行为的规范、规则、期望、目标、制度和激励措施，以及对我们的经济、政治和社会生活至关重要的基础设施以及物资和人员的流动。

（Schwab 2018, p.6）

鉴于这段充满智慧的评论，本书希望对第四次工业革命的行为和制度方面做进一步的探讨，因为这些方面与以互联网、人工智能和区块链为基础的技术进步有关。

第二章
工业革命的"终极目标"：人们重视的事物是如何推动创新技术的采用的

在本章，我们将介绍一个有用的框架，借助这个框架，我们不仅可以理解为什么一些技术发明在前三次工业革命中会被成功采用，也可以理解在第四次工业革命中推动现在和未来发生变化的一些基本的人类力量。

早些时候我们曾提到，当创新技术的重大系统和自主突破性应用使基本经济制度或市场能够有新的表现，并将总的生产可能性向外扩展，同时永久地提高人们的生活水平时，就会发生工业革命。归根结底，这些创新技术只有在人们（不论是行动中的个人，还是符合法律规定的团体，如公司、政府组织，或非政府组织）决定采用和使用它们时，才会对经济产生影响。采用的决定非常关键，因为这代表了人们选择将有限的时间和资源（比如资金）分配给采购和执行，而不是其他可能的方面。

在自由市场中，理性的经济主体只会把时间和资源分配给那些他们认为足够有价值的东西——至少和为了实现事物的效用而在采购和消费中花费的时间和资源一样有价值。研究者用数千页的篇幅来研究"选择理论"，并回答了是什么构成了"理性"的问题。在本书中，我们会做一些评论，但不会深入研究这些文献。

在标准的经济模型中，理性公理是完整性——行动者对其行为集合中的每一对元素保有选择偏好顺序，以及传递性——行动者们的选择偏好顺序一致。伴随而来的典型经济公理是单调性——通常事物更多时比更少时更受欢迎，以及凸性——多样通常比单调更受欢迎。学者运用了预期效用最大化和贝叶斯概率论，将这种简单的理性概念扩展到在结果不确定时做出更现实决定的情况。当事物的效用没有立即实现或经过了一段时间才实现时，其他涉及折扣、时间偏好的延伸元素就变得有价值了。行为经济学模型倾向于将理性概念扩展到"追求感知到的自身利益"，以解释由于信息不完整或认知失败而产生的有限理性，以及其观察到的行动者倾向于用探索法做决定，而不是严格优化其收益的现象。

然而，在这场讨论中，我们更加感兴趣的是价值的起源，而不是理性的机制，是存在偏好的潜在原因，而不是选择理论。我们不一定会问："人们更喜欢什么？"但一定会问："人们想要什么？""是什么激励人们采取行动，追求某样东西？"探索这两个问题的答案将有助于我们确定经济发展趋势的大致方向。

方法、目的和价值

思考这些问题的时候，即使不用亚里士多德式的视角，也最好从方法和目的的角度去考虑。不论人们是否有意识地想过，他们都有一些目标清单，有的默默放在心里，有的是明确的，他们正在为这些短期、中期和长期目标奋斗。包括森（Sen）在内的几位著名学者最近也提出了类似的观点。森认为："理性可能被视为要求一些东西，而不仅仅是让不同小组之间的选择保持一致。它（至少）一定会要求个人心怀的目标和个人所做的选择之间有着令人信服的联系。"

现在，大多数人渴望获得某种程度的满足或幸福，实现这一目标可能被视为是人们奋斗的终极目标。事实上，亚里士多德在他的《尼各马可伦理学》（*Nichomachean Ethics*）中提出了这个观点：

如果最终目标只有一个，那将会是我们所寻求的善。如果目标不止一个，那么善将会是那个最终极的目标。我们认为一个为其本身而被追求的目标比一个为实现其他目标而被追求的目标更加终极，而且一个永远不会因为存在另一个目标而被选择的目标，要比那些因为另一个目标而被选择的目标更加终极；而且我们会无条件地将那个永远因为其本身，永远不会因为其他事物而被选择的目标称为终极目标。人们认为，幸福是最符合这些条件的一个终极目标，因为我们总是因为它本身，从不会因为其他任何原因，而选择追求幸福。它与名誉、快乐、智慧以及其他一般而言的好品质不同。我们选择追求它们，一部分原因是为了获得这些好品质……但我们选择追求它们，也是为了获得幸福，我们相信它们将有助于促进我们的幸福。

（Aristotle，1097a，P. 30，1097b，P. 5）

参照这一推理，我们将把那些并未能满足人类需求、实现人类幸福，但倾向于推动实现这一目的的目标称为工具性目标或第二终极目标。第二终极目标就是生活中的那些有意义的事情，人们通常会把这些事情视为理想的目标，但它们也代表了实现终极目标的一种手段。一个人的终极目标不能用经济学来决定。我们想表达的是，一个人的终极目标是什么并不重要，重要的是，几乎每个人都会同意，我们需要做那些能使人们更容易实现目标的事情。

20 世纪的许多学者，如马斯洛（Maslow）、加尔通（Galtung）和麦克斯－尼夫（Max-Neef），都试图在普遍需求等级分类的基础上建立一个人类动机模型。早在古代，柏拉图就指出了一种隐含的需求层次："我们的首要需求是为了生存而准备食物。其次是居所，再次是衣服那一类的东西。"1895年，德国经济学家恩斯特·恩格尔（Ernst Engel）说了一段话，后来被翻译了过来："所有生物生来就有许多需求，需求得不到满足会导致死亡。人类也不例外，满足这些需求的迫切欲望会自然而然地催生出一种力量，这种力量可以克服强大的约束，使人类远离或走向胜利。"几个段落之后，恩格尔继续说道："需求是分不同层次的。最上层的那些需求满足是维持生命正常运转的关键：营养、衣服、住房、供暖、照明和健康。第二层需求包括：人文和精神关怀、法律保护和公共安全、公共供应和援助。"恩格尔的理论意义重大，因为正如沙伊（Chai）和莫内塔（Moneta）所指出的，恩格尔采用的方法是，分析家庭支出是如何根据消费者的需求进行分配的；而不是采用更平常的方法，分析支出是如何根据商品和服务进行分配的。经济学家尼古拉斯·乔治斯库－罗根（Nicholas Georgescu-Roegen）也注意到了这种方法，他说：

　　我们发现，人们在谈到效用、价值或行为表现之前，首先会提到需求、欲求、功能，等等。诚然，后面这些概念远没有得到精确定义，但如果我们仔细思考这个问题，效用或满足也是如此。然而，缺乏精确的定义不应令我们在道德科学的探索中感到不安，不合适的概念应该被归因为研究者实际上并不具备这样的能力。效用就是这样一个不合适的概念，其他还有一些未定义的概念，比如欲求、功能等。

（Georgescu-Roegen，1954，P. 512）

价值层次

在这些作品的基础上，现在我们提出了一个简单的模型，涵盖了三个层次、七个核心目标，我们认为这个模型可以帮助我们在工业革命所特有的新颠覆性和变革性力量的洪流中给自己定位。图2.1简明扼要地总结了七个第二终极目标，也举了一些第三终极目标的例子，它们是实现第二终极目标的方法。这不是一组需求层次，而是一个用技术逐步将人们解放出来，把更多的时间用于更高层次活动的过程。我们的时间和精力都是有限的，尽管在经济分析中它们经常被忽视，但在人们的资源配置决策中，时间、精力和财务资源一样重要。

人们需要商品和服务来帮助自己获得、恢复或维持这些第二终极目标。人们通过实现这些目标获得效用。我们观察

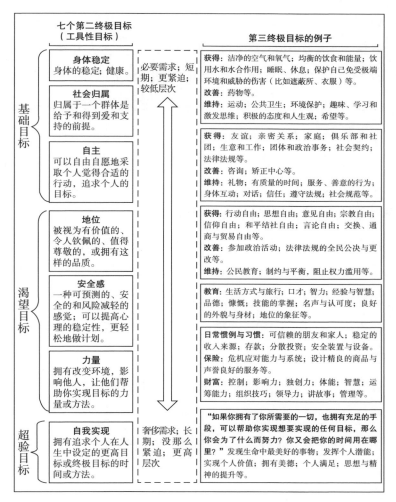

图2.1　人类行为的七个第二终极目标

注：第二终极目标是那些在生活中有意义的事情，人们通常会认为这些事情本身就是理想的目标，但它们也代表了实现终极目标的手段，在人们的理解中，终极目标通常是感到某种程度的满意或幸福。

到，几乎每一种存在于各种经济市场的产品或服务，都可以映射到一个或多个第二终极目标上。甚至像空气质量和噪声这样的非市场商品和服务也可以映射到这些目标上。与较低层次的终极目标相关的商品和服务往往被视为必需品，而与较高层次的终极目标相关的商品和服务往往被视为奢侈品。与标准模型相比，这种方法能够使人们对消费效用有着更全面的认识，标准模型倾向于将商品和服务视为提供效用的物品，应该因为它们本身去消费它们。在我们的模型中，商品和服务不只是为消费者提供效用，它们也会帮助消费者实现自己的目标。

实现更高层次目标通常需要在某种程度上实现较低层次的目标，但反之未必正确。较低层次的目标通常更基本、更紧迫，在自由时间和可支配资源较少的情况下，人们往往会选择以牺牲较高层次目标为代价来满足图 2.1 所示的三个基础目标。人们可能仍然更愿意把时间和资源分配给较高层次的目标，但对必需品的需求会战胜一切。这符合恩格尔定律①。这不是一个新概念。早在 19 世纪 40 年代，班菲尔德

---

① 恩格尔定律：一个家庭的收入越少，家庭收入中（或总支出中）用来购买食物的支出所占的比例就越大，随着家庭收入的增加，家庭收入中（或总支出中）用来购买食物的支出份额则会下降。——译者注

（Banfield）就曾指出：

消费理论的第一个观点是，每当一种较低层次的需求被满足时，都会随之产生一种较高层次的需求……一种基本需求的满足通常会唤醒不止一种继发性的匮乏感：因此，食物的充足供应不仅会激发人们对美食的兴趣，也会唤醒人们对衣着的关注。需求的最高等级，即从自然或艺术之美中获得快乐的需求，通常只有那些满足了所有较低级的需求的人才会拥有……正是需求对象相对价值的稳定性，以及产生这种价值的顺序的固定性，才使得需求的满足成为一种科学计算。

（Banfield，1845，PP. 11-21）

乔治斯库－罗根（1954）将这个概念称为"欲望的从属原则"，与门格尔（Menger）作品中对这个概念的称呼一致。

超验的价值

在我们的模型中，更高层次的，或者说超验的第二终极目标是自我实现。自我实现代表了一种状态，在这种状态中，除了保护和维持以外，你不再需要为前六个第二终极目标（如图 2.1 所示）分配大量的时间，你会有最大的自由投入时间和资源去追求你为生活设定的更高层次的目标，你最终会发现实现这些目标是最能令人感到满足的。举例来说，有些人可能会提出，当一个人在经济上是自由的，拥有一个互爱、互相支持的家庭，健康状况良好，生活在一个自由的社会中，受到社群的尊重，做好了应对未来意外事件的计划，并与他人保持着良好的关系时，这个人就可以全身心地追求自我实现。

对于不同的人来说，这些目标的本质可能各不相同，但都可以通过诚实地回答下面的这个问题来确定："如果你拥有你所需要的一切，也拥有充足的手段，可以帮助你实现想要实现的任何目标，那么你会为了什么而努力？你又会把你的时间用在哪里？"关注自我实现的人会马上联想到一个问题："你活着的真正目的是什么？"对有些人来说，活着的目的可能是提升自己的道德、学识水平，从事慈善事业，实现心灵和精神的升华，或激发自身潜能；对其他一些人来说，活着的目的可能是获得充足的时间去享受生活中简单而美好的事物，只是因为它们是美好的。个人在自我实现方面给自己制定的目标往往在很大程度上取决于他们的道德观、伦理观、宗教观和更广泛的世界观。

基础价值

较低层次的，或者说基础的第二终极目标是身体稳定、社会归属和自主。基础指的是，如果这三个目标中有一个没能充分实现，那么几乎不可能再做些什么去实现你的终极目标。在任何一个基本目标未能充分实现的情况下，你很有可能会把大部分时间、精力和其他资源用于努力实现或重新实现这个目标。与实现这些基本目标有关的商品和服务通常服从饱和假设，这意味着往往存在一个资源分配的上限，被称为饱和水平。作为对政策制定者的警告，阿兹加德－特罗默（Azgad-Tromer）最近指出，满足这些基础终极目标的商品和服务市场尤其脆弱："由于消费者的自愿性有限，而且在信息充分的情况下做出选择的可能性较低，所以必需品市场往往会需求失灵①。因此，必需品市场的销售者共谋的动力更高，进行价格竞争和对产品质量进行投资的动力更低。所以，市场失灵②的可能性随着产品必需程度的增加而增加：潜在需求越基本，市场失灵的可能性就越高。"

———————————

① 需求失灵：或者说有效需求不足，本质上是过多的商品挤入了过小的需求赛道，而没有创造全新的需求。——译者注
② 市场失灵：指通过市场配置资源不能实现资源的最优配置。——译者注

身体稳定是指身体系统和重要功能处于稳定运行的状态，比如一个人身体健康，没有严重的疾病或身体虚弱的情况。这个基础目标是值得去努力实现的，因为实现这个目标是实现更高层次目标的先决条件。活着是活得好的先决条件。对实现身体稳定有帮助的第三终极目标包括：洁净的空气、均衡的饮食、干净的饮用水、高质量的睡眠、免受极端环境和其他威胁带来的伤害的安全保障、锻炼、公共卫生、环境保护、乐趣和精神刺激、积极的态度和前景，以及希望。

社会归属感是指一个人认同并参与他人的社群，并感到被社群其他成员所接受的一种状态。这个基础目标是值得追求的，因为它的实现不仅能让你给予和接受爱、情感支持和智力刺激，还能让你从与你喜欢的人分享经验的过程中获得自然的满足感。人们往往会认为实现社会归属感的第三终极目标是多且复杂的，但它们通常包括双边友谊、身体接触或亲密关系、健康的家庭动态、俱乐部和社团的成员资格、商业和工作场所中的良好关系、公平的政治制度、公正的社会契约与适当的法律法规、咨询服务、必要时的矫正中心、礼物、开心时光[1]、慷慨的善举、振奋人心和诚实的交谈，以及信任感。

---

[1] 开心时光：尤指关爱子女、增进感情的时光。——译者注

自主代表一种状态，在这种状态下，一个人可以自由自愿地采取自己认为合适的行动，并追求自己的目标。这个基础目标是值得追求的，因为实现这个目标意味着你可以自由地朝着你的目标努力。例如，一个生活在奴隶制度下的人，或者生活在过度限制个人自主权的法律范围内的人，将很难朝着他们的终极目标努力。人们倾向于认为能够实现自主的第三终极目标通常包括行动自由、思想自由、意见自由、宗教自由、信仰自由、和平结社自由、言论自由，以及经济市场中的交换、经商、贸易自由等权利。在某些情况下，有助于实现自主目标的第三终极目标可能包括政治改革与法律法规的改变、适当的公民教育，以及防止权力滥用的制约与平衡机制。

渴望的价值

在我们的模型中，处于中间层的目标，或者说第二终极目标的渴望目标分别是地位、安全感和力量。这三个第二终极目标的渴望目标的实现都要建立在三个第二终极目标的基础目标（在一定程度上）得以实现的基础上。

地位代表一种你被认为是有价值的、令人钦佩的、受人尊敬的，或者拥有这些特质的状态。你的自我认知和别人对你的认知是相互关联的。地位是以社会归属感的存在为前提的，因为地位来自你在所在社群的其他成员中的良好声誉。地位是社会归属感这一基础目标的渴望目标。人们倾向于认为实现地位这一目标的第三终极目标是多种多样的，但通常包括全面的教育、良好的品德、有趣或时尚的生活方式、豪华的旅行、拥有口才与聪明才智、沉着、经验与智慧、掌握技能、名声和认可、漂亮的外表和健康的身体，以及拥有文化地位的象征。

安全感是指你对面前的不确定的未来感到安全的一种状态，这可能是因为你有准备也有信心降低风险，或有足够的经验来预测事件的走向。安全感之所以受到重视，是因为它能让人保持头脑稳定，把更多的精神资源和时间用于更高层次的活动上，否则这些资源和时间就会被花费在担忧和观察上。安全感是身体稳定这一基础目标的渴望目标。人们倾向于认为实现安全感的第三终极目标是多种多样的，但通常包括因经验和熟悉而养成的例行程序和习惯，以及遵循一个已经经过尝试和测试的流程；值得信赖的朋友和家人，你相信在你需要的时候他们会支持你；有稳定的收入来源，可以用来计划未来的投资和开支；你计划在意外紧急情况下可以用来维持生活的财务储蓄；降低风险后实现的多样化投资；从事风险活动的安全装备；保护贵重资产免受损害的保险；应对紧急情况的危机应对设备和系统；你相信可以发挥理想功能的设计良好的商品，或你相信可以信赖的信誉良好的服务。

力量代表一种状态，在这种状态下，你能够影响你的环境和环境中的存在来帮助你实现自己的目标。这是值得追求的，因为当你的环境有利于你所从事的活动，其他人和存在会一起来帮助你从事这项活动时，为了实现相同的效果，你必须分配给这项活动的时间和精力就会减少。力量是实现自主这一基础目标的渴望的目标。人们倾向于认为实现力量的第三终极目标也是多种多样的，但通常包括财富，以及用于雇用人员和购买资本项目的能力；控制和影响经济市场和其他社会、政治或经济机构的运作规则；尽管存在某些障碍，但能找到独特的方法来实现目标的智慧和创造力；身体健康——能够塑造你的物理环境，在战斗中保护自己；组织和后勤管理的能力；领导技巧和讲故事的能力——能够激发并提高他人的情感投入，实现既定目标。

工业革命促进了更高层次价值的实现

现在，该模型假设每个人都有一个有限的资源限制，规定了他们实现上述任何目标的能力上限。然而，相比由纯货币资源组成的典型预算的约束，思考由固定时间、有限数量的经济资源和个人精力（根据不同的情况，可能包括身体或精神上的能量）组成的更广泛预算的约束会更恰当。这反映了一种观点，即货币只是一种资源，只有在经济市场环境中才有意义，在经济市场环境中，货币是用来交换产品或服务的。现在有很多种经济市场，特别是在第四次工业革命时期，用于交换的商品是某些人的注意力，也就是人们的时间。稍后，我们将更详细地研究这些例子。

在许多情况下，追求第二终极目标需要花费一定的时间、金钱和精力。假设经济主体纯粹根据价格来比较替代性商品和服务是过于简单化了。在许多情况下，基于创新技术的新产品和服务之所以能成功地在市场上被大规模地接受，不是因为它们的价格，而是因为与它们所取代的产品和服务相比，它们所具有的便利性使它们的消费者在追求同样的目标时节省了时间或不必要的精力。省下了这些时间和精力，人们就能更好地分配个人资源去追求更高层次的目标。正如杰文斯（Jevons）所说："满足了较低层次的需求……（结果）只不过是让更高层次的需求显现了出来。"

正如那句古老的格言所说，有时候时间真的就是金钱。鉴于人们手中的钱的边际效用会随着他们逐渐富裕而逐步下降，他们可能会把节省下来的一些时间和精力用来从事副业，增加他们的财务资源，这创造的是整体经济的净值，提高了人均收入。在前工业时代，人们将自己的大部分时间、金钱和精力用于实现第二终极目标的三个基础目标。在努力实现这些目标之后，一般人没有足够的时间或其他资源来追求更高层次的目标。

然而，在现代世界中，普通人能够用少得多的时间、精力和金钱，在一定程度上实现基础目标，让他们能够更自由地提高生产力，追求更高层次的理想和超验目标。休闲时间也大幅增加了，社会整体状况也有所改善。在社会层面，由于经济技术基础发生了根本性转变，当足够多的人口能够将更多的时间投入更高层次的活动中时，文明就会崛起，经济领域就会发生一场工业革命。

第三章
布里斯班俱乐部模型：复杂演化网络中的思想、社会与经济

我们对第四次工业革命的研究做出的不同贡献是开创了一个应用于第四次工业革命的分析模式。我们使用了一个经济模型，这个模型是专门用来在各个层面的分析（从日常生活的微观尺度到整个社会经济系统的宏观尺度）中说明技术的影响。有了这个模型，我们就可以把第四次工业革命的各种"超级技术"纳入分析之中，然后推想它们与更广泛的社会经济系统之间可能存在的相互作用。

这个模型是由昆士兰大学的贾森·波茨、库尔特·多普弗、约翰·福斯特、斯坦·梅特卡夫（Stan Metcalfe），以及尤其是乌尔里克·威特（Ulrich Witt）和彼得·厄尔于21世纪初提出并发展起来的，后来它被称为布里斯班俱乐部模型。这个模型认为经济是一个复杂的进化系统，是在个人基于其所处的社会经济环境和心理状态采取行动的情况下形成的，由他们所能利用的技术来实现。这个模型包含了行为经济学和心理经济学、制度经济学（关注的是管理社会经济互

动的规则），以及演化经济学的元素。它也受到了关于复杂系统及其内部发展过程的文献的深刻影响。

我们将详细介绍社会经济系统的布里斯班俱乐部模型，以便在以后的章节中用它来分析第四次工业革命的"超级技术"。首先，我们将引入一个论点，即我们可以将社会经济演化理解为社会经济网络形成中的结构演化过程。然后，我们将介绍布里斯班俱乐部模型，该模型描述了这些网络是如何在个体心理和社会经济环境的相互作用中形成的。接着，我们将讨论个体行为变化中影响这些网络演化的各种因素。再然后，我们将介绍一种微观、中观和宏观相结合的观点，这种观点使我们能够在社会经济系统的微观和宏观分析之间切换。最后，我们将总结如何用这个模型来分析第四次工业革命中的各种"超级技术"。我们为感兴趣的读者提供了一份技术附录，包含了这个模型的正式特性的草图。

作为复杂演化网络的社会和经济

社会经济系统的布里斯班俱乐部模型的核心观点是，经济是一个复杂的、不断演化的系统，它是在个人基于其所处的社会经济环境和心理状态采取行动后形成的，由其所能利用的技术来实现。这些系统被恰如其分地视为一个网络结构，在这个结构中，当个体决定转移或交换商品、服务、货币或信息时，他们就会建立联系。当你在社会经济环境中与某人互动时，你就在社会经济网络中建立了一种联系。买一杯咖啡，你和卖家之间就会建立一种联系。用你的劳动换取工资，你和你的雇主之间就建立了一种联系。与另一家公司签订一份数百万美元的投资合同，你和那家公司的合作伙伴之间就会建立一种联系。

当然，这听起来像是对社会经济系统建模的一种常见方式，但由于各种历史原因，传统经济学并不是以这种方式"完成对自己的剖析的"。经济分析的趋势是把经济想象成一个电磁场，一个完整的网络（所有可以建立的联系都被建立起来了），在这个网络中，社会经济的相互作用类似于趋于平衡的电磁流动。对于理解许多市场价格动态的相互作用（一个市场的变化会导致另一个市场的变化等）来说，这个观点非常有用。然而，正如贾森·波茨在其影响深远的《新进化微观经济学》（*New Evolutionary Microeconomics*）一书中所指出的那样，问题在于，用这样的模型很难理解结构演化。如果一个系统是充分互相连接的，那么就不需要建立任何新的连接。波茨提供的替代方案是，要认识到经济网络结构是不完整的，因此结论很有趣：新的连接可能会建立，现有的连接可能会转移，经济结构也可能会发生演化。

波茨的观点激发了约翰·福斯特教授的思考，他领导着昆士兰大学经济学院进行了长达十年的思索。许多来自世界各地的思想家在这所学院专心研究，组成了布里斯班俱乐部，并为这个正在形成的模型的观点添砖加瓦。这个模型整合了行为心理学、制度经济学和演化经济学的观点，同时保留了传统分析，将其作为一个特殊案例。为了分析第四次工业革命的"超级技术"，我们将使用本书作者之一布伦丹在其博士阶段开展研究时正式形成的模型——记录在其撰写的两份技术文件中。

在这个模型中，新技术通过其对人类行为产生的影响，以及它们由此导致社会经济系统进行结构性演化的方式来表现自身。所以，为了准备好应用布里斯班俱乐部模型来分析第四次工业革命的"超级技术"，我们首先需要了解社会经济系统是如何从人类行为中产生的，人类行为是如何被决定的，以及人类行为是如何演化从而导致系统开始演化的。然后，我们可以思考"超级技术"的性质，以及这种性质是如何与人类行为相互作用，从而导致行为和社会经济系统发生演化的，由此来分析这些"超级技术"的影响。

社会经济系统的形成：环境、思想和社会经济

社会经济是一些复杂的、不断演化的网络结构，是在个体基于其所处的社会经济环境和心理状态采取行动的情况下形成的，由他们所能利用的技术来实现。为了理解社会经济结构的形成，进而理解它们的演化，我们需要理解人类心理是如何与社会经济环境相互作用，从而决定其行为的。这种视角可以让我们理解社会经济结构是如何从人类行为中形成的，布里斯班俱乐部对此做出了贡献，尤其要归功于彼得·厄尔。

布里斯班俱乐部心理学模型的核心观点（也是其社会经济系统模型的核心）是，思想就像它的来源大脑一样，是一个网络结构。建立在这一命题基础上的模型特别借鉴了弗里德里希·哈耶克（Friedrich Hayek）的神经心理学观点、肯尼斯·博尔丁（Kenneth Boulding）和凯利（Kelly）的哲学观点，以及赫伯特·西蒙（Herbert Simon）的认知主义观点。心理网络中的节点代表着存在于我们环境中的对象和事件，以及其中更高层次的类别：人、商品、服务、金钱、他们的特质、行动、言语、需求和欲望。这些网络中的连接代表着我们对世界的认识，我们的"世界观"或对现实的"个人建构"，也就是我们对环境中的物体、事件与更高层次分

类之间的关系的理解。心理网络具有分类图式的特征，拥有分析这些类别之间关系的认知系统，而且对这类事件过程的预期因此被做了分类。它们（心理网络）通过合并新的联系而不断进化，因为被使用而存在的联系得到加强，而那些未被使用的联系则逐渐消失。将社会经济环境转变为行为的心理过程受到限制只能在该网络中进行，并且对该网络进行运作，使其发生演化。

社会经济环境对个人来说既是外部的又是内部的，它包含的信息必须转化为对环境中的对象、事件及其分类的感知。感知的作用是将任何给定环境中的信息转换成对环境中物体、事件及其分类的感知。我们可以说，感知让我们看到了世界和个人对世界的认知之间的相互联系。

分析过程以心理网络中包含的感觉数据之间的一系列联系为基础，并将人们对这些感觉数据的认识联系在一起，以呈现（人们）对环境中物体、事件及其分类之间的关系的理解。我们的心理网络中所包含的世界心理"地图"中出现了一个适用于任何给定环境的"模型"。分析过程是基于我们的心理网络中对事物关系的经验所建立的模式，对环境中的事物进行分级分类。但分析过程也将这些分类联系在一起，以便让我们理解它们之间的关系。这些关系可以用两种方式来解释，现实的情况当然是以下两种情况的混合体。在第一种情况下——运用直觉，我们可以把作为分析的一部分而形成的联系想象成是我们对未来事件的预期过程的构建，这是一种推理和形成预期的形式。在第二种情况下，我们可以想象在分析过程中形成的连接是一种基于算法规则的认知加工，这种认知加工在我们的心理网络中表现出来，将环境中的对象和事件的等级分类联系起来。当然，这一过程大部分是在潜意识层面上进行的，因此，意识思维呈现的是一种"感觉"，而不是一组明确的判断，尽管它当然可能上升到高级皮层功能的意识层面。作为感知和分析的结果，个体面前展现出了一组环境中物体与事件之间的联系，以及其中的商品、服务、交换媒介、人和行动的分类，最重要的是，这些分类和内部环境的动机情结之间的联系。

我们对环境的分析包含了我们对各种可能的行动路线产生的影响的理解，或者（在潜意识层面上）参与某些行为的本质。这些行动过程和我们的动机情结之间的联系创造了一种美学，一种允许我们在各种预期结果之间建立偏好的"感觉"。然而，在目前的技术状态下，只有与这些预期结果相关的某些行动方针实际上被包含在个人能够从事的一系列行动方针中。决策理论有效用指的是个体参与了可行的行动过程并在所有可行的行动过程中获得了最可取的预期结果。当然，从表面上看，这个理论与理性选择理论非常相似。这实际上是当前理论的一个长处，因为它维护了理性选择理论的核心真理，同时将该真理置于整体心理过程的背景中。行为产生于心理过程，事实上，如果偏好是由操作行为规则，而不是由推理过程的结果决定的，那么我们可以说，行为同等地受规则和理性选择的指导。

由此产生的行为形成了社会经济系统。当任何特定个体的行为包含与另一个个体的某种形式的互动时，这种行为就会形成一种社会经济联系。因此，如果个体选择购买或出售某种商品或服务，他们就会与对方建立一种联系。如果他们选择以任何方式与另一个个体互动，他们就会与那个个体建立联系。当我们对越来越多的个体在其社会经济环境中的行为进行观察时，我们就观察到了作为复杂网络结构的社会经济系统的形成。这为我们提供了布里斯班俱乐部模型的静态视角，这个模型本质上类似于弗里德里希·哈耶克提出的模型——由经济充当一个协调知识的系统，但具有现代心理学基础。个体的在他们的心理网络中表达他们的个人知识，个人知识被用于分析个体对环境的感知，并产生他们的行为，从而形成社会经济网络系统的结构。

社会经济系统的演化：变化的环境，变化的思想，变化的技术

在布里斯班俱乐部模型中，正如我们所看到的，社会经济系统是由个体在他们的心理和社会经济环境的基础上采取行动而形成的，并且是由技术实现的。然而，正如贾森·波茨所提出的那样，社会经济系统的结构是不完整的。彼得·厄尔和韦克利（Wakeley）认为，社会经济系统是受心理过程的影响，在个人能力，以及认知和心理方面的制约的共同作用下所产生的自然结果，因此它们有进化的空间。社会经济联系的形成是社会经济环境导致个体行为发生变化的结果。因此，当一个个体开始与之前从未接触过的人互动时，作为行为改变（要么是完全改变，要么是现有联系转移的结果）的结果，一种新的联系就会产生。如果你是一家制造商的物流经理，你重新选择了供应商，那么你就会把你现有的联系转移到新的供应商身上，并导致经济系统发生演化。如果你是一名企业家，你努力为你的初创公司赢得了第一位客户，那么你将构建起一种新的联系，并使经济系统发生演化和成长。

在心理过程中的很多点上，环境和思维的因素本身就可能会导致行为发生改变，从而进一步导致行为的改变。本

书作者之一布伦丹正在进行的特别项目就是对心理过程中的这些点进行研究，主要借鉴了彼得·厄尔的研究成果，特别是对复杂社会经济系统中的行为演化的研究。我们可以把这些观点分成三组：激励和技术的作用，心理进化的作用，以及"框架"的作用。第一组在传统上属于经济学领域，第二组在传统上属于发展心理学领域，第三组在传统上属于行为经济学领域。然而，技术并不仅限于对个人行为产生的直接影响，正如我们将看到的，当应用这个系统来分析"超级技术"时，我们会发现它影响着心理过程的每一步。

替代与补充：激励与技术

传统上，经济理论研究的是由哪些技术所控制的行为可用来扩展人类的能力范围，"可行的（行为的）集合"和对扩展人类能力有效用的竞争激励机制。目前的理论中保留了催生这些行为变化的传统动力，因为它们应该是这样的。激励和技术尤其通过可替代性和互补性现象对行为产生影响。

如果我们能找到一种特定的，与某种行为相关的激励机制，而且它与另一种激励机制具有同等的优先性，那么就存在一种可替代的状态。换句话说，当我们可以采取一种行动，用它替代另一种行动，并获得大致同样可取的预期结果时，就存在一种可替代的状态。如果存在可替代的状态，那么只要与未选择的行动方针相关的激励措施得以改善，使该行动的影响比与当前行动的影响更可取，我们就会观察到一种行为的改变。显然，当激励机制因价格而发生变化时，这种行为改变最为多见。通常情况下，如果一些新产品的价格被降低到影响其他产品可替代状态的程度，那么我们将观察到行为的变化，即现在相对便宜的新产品就会替代旧产品。或者，当产品属性导致激励机制发生变化时，我们可能会观察到行为发生改变。因此，当一些新产品——比如一个网络浏览器——的属性提升到影响其他产品可替代状态的程度时，我们将观察到行为的变化。但是，替换并不仅限于转换连接；也可能是，当与某种产品或服务相关的激励机制发展到某个程度，创造出一种介于什么也不做和获取那种商品或服务之间的可替代状态，新的联系就会出现，从而创造出一种新的联系。

然而，可能不存在可替代的状态，在这一点上，我们需要考虑采取可以使行为发生改变的其他手段。可替代状态的存在可能会因若干原因受到损害，其中最明显的原因是存在不同于需求的需要。1972年，艾恩芒格（Ironmonger）提出了一个模型，表明了除非行动方案能够满足需要，否则不能将其视为可行的行动方案。正如1979年布拉特（Blatt）戏剧性地指出的那样，很难想象，在日常生活中的某些行为和在某种程度上必然导致被绞死的行为之间，存在任何可替代状态。但简单的认知规则在我们心灵中的运作也可能破坏可替代状态的存在，只要它们规定任何特定行动方案必须满足某些要求才会被认为是可行行动方案。如果是这样的话，我们可能需要通过技术来改善与特定行动方案相关的结果，然后才能将其视为可行的行动方案。例如，在航空公司的组织和物理技术提高到足以确立其可取性之前，一家安全记录不佳的航空公司和一家安全记录良好的航空公司之间的可替代状态会一直存在于众多消费者的脑海中。技术在这里发挥"促进"作用，使可替代状态的存在更加可行，但它也可以发挥"扩张"作用，与人的能力集合，并实现互补作用。

互补与替代是对立的，因为互补指的不是用一种行动替代另一种行动，而是把它们结合起来。如果两项行动之间存在互补性，那么它们被结合起来一起实行，会比单独采取某一项行动产生更好的结果。互补对于行为决策来说可能是极其重要的，因为如果能在一项行动中实现互补，那么可能会使这项行动比其他行动更可取。技术对行为的这种影响叫作"扩张性"影响，它可以扩展人类的能力，使某些行动变得可行，使互补变得可能，到目前为止我们还没有做到。如果技术扩展了人类在某个行动过程中融入一些与其他行动相互补的行动的能力，那么它可能会使该行动过程成为那个最可取的行动，从而使行为发生改变。这在由促进交互的平台技术主导的环境中尤为重要。各种平台可以使迄今尚未建立过的全新关系成为可能，因此采用这种平台是对这些关系的补充。

如果可替代状态不存在，互补也不是特别重要，那么我们就需要理解行为改变不仅仅是激励机制或技术变化的结果。如果技术已经扩大了人类能力的范围，而激励机制并没有发生很大的改变，那么行为变化肯定是其他某些事情导致的结果——个人，特别是他们的思想，与环境的互动。这首先引领着我们进入了发展心理学领域，然后是行为经济学领域。

创造性、实验、游戏，以及心理演化中的叙事

在最基本的层面上，在实现某些新行为之前，为了让个体参与其中，必须将如何参与以及为什么参与的知识纳入心理网络中。如果不把这些知识纳入其中，对这一行动（包括影响）的分析就缺乏基础。对于人们对技术进行理解，这一点尤为重要，因为技术常常会使以前从未想过的事情成为可

能。因此，如果要改变一种行为，并使社会经济系统发生演化，那么通常有必要先将如何以及为何参与其中的知识纳入大脑。

众所周知，我们的大脑不是一块"空白的石板"，我们的心理网络中有一些与生俱来的结构。然而，我们自身并不局限于这种先天结构，我们的大脑可以通过建立新的连接来成长，我们把这个过程称为"发展"，通过分级分类和理解世界的图式来成长。这种联系的起源有三点。我们必须认识到，这种联系可能是由深层创造力横空创造出来的，形成了一种"异类联想"，亚瑟·库斯勒（Arthur Koestler）的著名说法是"创造行为"。然而，环境中物体和事件之间的明显联系也可能呈现给感官，从而被感知。广义上讲，除了简单的人际交流外，还有两种特别重要的方式可以把这种联系呈现给感官，那就是：实验和玩耍。我们口中的实验指的是一种有意识的行为，这种行为会让新信息出现在环境中，并与个体形成新的联系。约翰·杜威（John Dewey）等人认为，这是一种新联系的来源，可以在学习过程中被写入大脑。我们口中的玩耍指的是那些为了玩耍而进行的活动，这些活动碰巧会导致新的信息被呈现给感官，皮亚杰（Piaget）等人认为，这是一种特别重要的新联系的来源，尤其是在儿童时期。

　　然而，呈现给大脑的连接与被写入大脑的连接是不一样的，而且有一些特定的条件决定了它们被写入大脑的可能性有多大。根据这些情况，我们可以推导出五种进一步的条件，这些条件决定了一个想法（一组联系）被写入大脑的可能性。这些条件可以很好地映射出奇普·希思（Chip Heath）和丹·希思（Dan Heath）在他们的长期研究项目（是什么让一个想法"持久存在"）中所确定的条件。这个想法必须相对简单，因为它不能包含许多联系。它必须尽可能由大脑中已经包含的联系组成。它必须将事物和事件联系起来，并对个人的注意力有很强的控制力。它必须建构在心理网络的外围，而不是它们的"核心"。而且，它必须尽可能与应用于这种环境中的理念保持和谐，也就是一致。换句话说，它必须简单，将想法与个人的注意力紧密地联系在一起，并在避免与心理网络相矛盾的情况下构建在心理网络的外围。正因为此，叙述对于理解社会经济行为来说非常重要。他们传播关于如何、为什么采用新的行为形式和新形式的赋能技术的想法。这绝非偶然，典型的科技公司，苹果公司，传奇般地将其成功归功于其最伟大的CEO（首席执行官）——史蒂夫·乔布斯（Steve Jobs），他是一位卓越的故事讲述者。

　　现在，关于如何以及为什么以一种新的方式展开行动的知识，如利用一项新技术进行赋能的知识，可以通过这个过程写入我们的大脑。但是，行为的改变可能只有在这种知识被实际应用于分析的过程中，在引导行为朝着它的新形式发展时才会实现。现在，这引领着我们进入了行为经济学的领域。因为知识在分析过程中是否被应用，以及是否以这种方式引导行为走向一种新的形式，取决于与环境有关的环境是如何被构建的。

突出、链接和锚定：构建环境

在分析的过程中，"浮现在脑海中"的是我们心理网络中的什么知识，取决于这个过程唤起了我们对什么物体、事件及其分类的记忆。当然，这又取决于信息是如何被转换成对环境中物体和事件的感知的。这取决于我们称之为"突出"和"链接"的两种现象。这些感知对行为的影响是通过它们对偏好产生影响而实现的，这取决于另一种我们称之为"锚定"的现象。

存在于我们环境中的信息并没有全部（只有一小部分）被映射成为我们对其中的物体和事件的感知。我们只会注意到值得注意的东西。我们称这种现象为"突出"，只有与物体和事件相对应的信息相对于环境中的其他信息在感觉器官上令人产生足够深刻的印象时，这些信息才会被映射成为对这些物体和事件的感知。这种现象会将我们的注意力"集中"在环境中最突出的物体和事件上。因此，相对于普通事件，我们更容易注意到环境中更极端和不寻常的事件，更容易注意到醒目和响亮的广告，更容易被我们的情绪而不是对未来的想法所支配，等等。

我们也不是只会感知到环境的基本感觉数据。我们也能感知到更高层次的等级和分类。这一现象被我们称为"链接"，其基础是神经元通过突触网络的电荷通道来相互刺激。如果在心理网络中，一组前知觉与一组后知觉紧密相连，那么后知觉也会被感知。所以链接的现象意味着我们对现实的理解会影响我们观察现实的方式。当然，这是我们的性格（我们倾向于用何种方式解释事件）在世界上的一种表现方式，因为我们的感知取决于我们在心理网络中表现出来的性格。这也是为什么我们会将具有很大相似性的不同的物体和事件归为同一类别的成员。

所以我们脑海中浮现出的是什么感知，以及我们基于分析对环境所做出什么判断，都取决于环境的构造方式，所以与环境中的所有存在相比，某些物体和事件对我们的感觉器官，以及心理网络中围绕它们建立的分类图式有着更大的影响。但环境框架本身并不会改变行为，不过它一定会对个人脑海中各种预期结果的可取性产生影响。这种效应来自我们称之为"锚定"的现象。

伟大的心理学家乔治·凯利（George Kelly）教导我们，除非与其他事物相关，否则没有任何事物是有意义的。例如，我们无法真正理解我们的收入或财富的价值，除非我们知道可以用它购买的商品和服务的价值。因此，任何物体或事件都需要与一个"轴心"关联起来，或"锚定"到一个"锚"上，用这个"锚"对其进行分类，并由此建立一种关系。"锚"是极其重要的，因为网络很少是模块化的，而往往是依情况而变化的，所以在分析过程中，感知到"锚"的存在可能会对在特定环境中形成的整体判断产生重大影响。当它们的影响足以改变预期结果的可取性，而且会引发某些行动时，我们就会说"锚"是活性的。在特定的行动过程中，当积极的"活性锚"出现在知觉中时，会提高预期结果的可取性，而当消极的"活性锚"出现在知觉中时，会降低预期结果的可取性。显然，我们可以想象，知觉中"锚"的存在以及分析中的锚定关系可能会对行为起决定性作用。例如，同辈消费水平这一"锚"的存在可能会导致"炫耀性消费"，因为通过建立与同辈消费相关的消费，可能会使更大额的消费比其他金额的消费更可取。

总结：微观层面上的社会经济系统演化

布里斯班俱乐部模型将社会经济系统视为复杂的演化系统，个体行为会随着环境、技术和心理的变化而发生改变，而系统的连接结构也会随着个体行为的改变而发生变化和演化。它为人们提供了一个具有一定一致性的视角，来看待个体行为如何变化，以及社会经济系统是如何通过创造新连接或转移现有连接而发生微小的演化的。从广义上说，我们已经确定，行为改变源于激励、技术、心理演化和"框架"的作用。

在第一种情况下，随着内部激励机制的改变，社会经济系统可能会发生演化，只要激励充分，就会导致个人用新的行为模式替代现有的行为模式，如采用新技术。如果没有可以足以促成替代的激励结构，就可能需要进行技术变革，以满足必要和必需的条件。技术还能够通过扩大人类的能力范围，使各种行为元素之间的互补成为可能，从而使社会经济系统以更直接的方式演化。

如果激励措施不是特别有效，而技术已经使互补的实现成为可能，那么行为的改变就是个人知识的发展和应用所带来的结果。关于如何以及为什么要以一种新的方式（比如采用一种新技术）行事的新想法必须通过创造力、实验和玩要来发展，然后被写入大脑中。那些简单的，能强有力地吸引个体的注意力，将物体和事件联系起来，并且能建立在现有心理网络的外围而不与之产生矛盾的想法更有可能被写入大脑。然后，我们的大脑必须对环境进行界定，以便在分析过程中以某种方式利用这种知识来认识环境，以此选择新的行为模式。此时就需要那些与新的行为模式的积极的"活性锚"相对应的信息，或与行为的知觉前提相对应且有着强烈联系的信息，以一种能给感觉器官留下深刻印象的方式被放置和呈现，对于消极的"活性锚"来说，情况则相反。

当行为通过激励、技术、心理演化和"框架"的作用，从现有模式转变为新的模式时，我们会观察到社会经济系统中会出现微观尺度上的新联系。因此，为了理解第四次工业革命的"超级技术"的影响，我们必须理解这种技术与人类自身能力（凭一己之力得以）扩展之间的相互作用。但是，我们也必须理解这种技术与心理过程中导致行为改变的各种因素之间的相互作用。

微观－中观－宏观：新的做事方式会导致混乱，然后重新协调

社会经济系统的布里斯班俱乐部模型就是我们所说的

"个人主义方法论"。它把个体视为社会经济分析的基本单位，并以此为基础构建了一个视角。然而，严格的个人主义方法论有其局限性，因为运用一个无法从个体特质中抽象出来的模型对大部分系统做任何"更高层次"的分析都会是困难的。当然，这就是任何经济学都需要某种形式的"代表性个体"的原因，以便在任何更高层次的分析中分析社会经济系统的运行。库尔特·多普弗、约翰·福斯特和贾森·波茨于 2004 年为布里斯班俱乐部模型所做的独特贡献是以微观－中观－宏观框架的形式提供了这样做的一种方法。

当我们将看待社会经济系统的视角从个体层面扩展到越来越大的群体时，我们就会开始观察到个体与社会经济环境的相互作用方式中的某些规律。我们在这些规律中观察到了库尔特·多普弗、约翰·福斯特和贾森·波茨口中的"中观规则"的运作。"中观规则"是一种认知结构，被用于解释在一个足够具有规律性的特定的社会经济环境中如何以及为什么采取行动，使我们能够定义一个相应的"中观群体"，即根据该规律行事的群体，而不会有损我们的分析。因此，在宏观经济层面上，我们把社会经济系统看作各个中观个体之间的网络，这些个体按照特定的规则结构相互作用。为了分析，我们应该从实用主义的角度定义这些规则，它们既可以是技术规则（比如，可以根据生产技术将一个行业的从业者定义为中观人口），也可以是心理规则（比如，可以根据消费行为的共性将特定的消费者阶层定义为中观群体）。

中观规则作为个体行为的结果而传播，从而使社会经济结构变得协调，从这种意义上来说，中观规则是一种新兴的规则。最开始，它们来源于创造力（一种新技术与如何以及为什么使用它的新知识一起发展）；然后，它们所呈现出来的知识从一个人传播到另一个人，扩散开来，并被选中，写入大脑。因此，当个体通过行动和语言相互交流时，中观规则依赖于它们协调过的社会经济网络结构而传播。我们观察到它们的扩散有一定的规律，这使我们能够将这个产生新行为（比如新技术的采用）形式的过程以及它对整个社会经济系统的影响理论化。

一开始，一种新的行为形式（例如采用一项技术）在技术方面"如何"以及在心理方面"为什么"的知识是由某些个体创造的，并且获得了应用。这种知识是由个体通过行动和语言传播给他们网络中的其他个体的，这些个体要么将其纳入自己的思想并采取这种行为（如果微观经济条件适用的话），要么不这样做。如果是前者，这种思想就会开始传播，并且成为一条适合的中观规则，指导思想和行动。如果这种情况发生，这种思想就会通过把旧的行为模式改变为新的行为模式来转移连接，从而打乱整个系统。随着中观规则的传播、中观人口的增长，新的行为形式（比如采用新技术）被越来越多地采用，随着越来越多的联系被建立起来，我们观察到整个系统逐渐重新协调起来，中观人口作为一个整体被整合到系统中。这一进程每一步的成败取决于新的行为形式在多大程度上满足了我们先前所建立的微观层面的行为改变需求。

小结：在分析第四次工业革命的"超级技术"时应用布里斯班俱乐部模型

我们在本书中采用了社会经济系统的布里斯班俱乐部模型，以分析第四次工业革命的"超级技术"。事实上，这就是我们的分析的不同之处。布里斯班俱乐部模型提供了一个视角，它将社会经济系统视为由个人在其心理和社会经济环境的基础上采取行动所形成的复杂的演化网络。设计这个模型就是为了让我们分析技术对社会经济系统的影响，其中纳入了行为心理学、制度经济学和演化经济学的观点。

布里斯班俱乐部模型的初始命题是：经济是一个复杂且不断演化的系统，由个人在自己的心理和社会经济环境的基础上采取行动而形成。布里斯班俱乐部模型将心智模型视为一个网络结构，在这个网络结构的运作过程中，心理过程处于社会经济系统的核心。感知将个人的社会经济环境中的信息转换为对该环境中对象和事件及其分类的感知。分析的过程将这些感知连接在一起，以理解环境中物体和事件之间的关系以及它们的分类。这为决策提供了基础，决策受着偏好的指引，而偏好是由关于如何和为什么以某种方式行动的知识所构建起来的，因此个体会选择在所有可行的备选方案中能够产生最可取影响的可行行动方案。在这个过程中运作的心理网络会通过新的连接的增加和旧连接的消失而不断演化。

社会经济网络是由网络中个体的行为形成的，在该网络中，个体的行为相互作用，这种相互作用也随着他们行为的演化而演化。当激励因素发生变化，使新的行为模式更具吸引力，或技术扩大了人类的能力范围，使互补的实现成为可能时，个体行为就会进化。有了一系列的激励和技术，行为就会进一步发展，关于如何和为什么以新方式行动的新知识会被写入大脑，并用于指导行为。新思想越简单，它们所连接的物体和事件对个体注意力的影响就越大，它们就越能在现有心理网络的外围建立不与之相矛盾的联系。信息与新知识的元素或知觉前提越是相符，新知识被应用的程度就越高，当新知识被放置和呈现在特定环境中时，就会给感觉器官留下更深的印象。这种知识中存在的积极的"锚"越多，新行为模式被采用的可能性就越大。

在宏观层面上，新行为模式的采用反映在中观规则的出现上，这一规则旨在定义一个在思想和行动上受该规则指导的中观群体。当规则通过扩散被采用时，它会在一开始扰乱（原有）秩序，因为新的行为模式被采用，从而导致新的连接被创建。然而，随着其继续扩散，以及按照中观规则行事的中观人口开始增长，经济系统重新协调并将该中观人口整合到整个社会经济系统中。当新行为使新技术被采用时，新技术凭借中观规则的扩散而扩散，并影响了社会经济系统的整体结构——先带来破坏，然后重新协调。

在本书的其余部分，我们将用这个视角来分析第四次工业革命中的"超级技术"。在每一个案例中，我们将首先思考技术的性质，然后构建它与心理过程各个方面（激励和技术的作用，心理演化的作用，以及"框架"的作用）之间的关系。构建这种关系将使我们能够构建技术和行为之间的关系，将使我们能够确立第四次工业革命的技术可能会对我们的社会经济系统产生的影响。通过分析第四次工业革命的"超级技术"可能产生的影响，我们将能够更好地理解它在哪些领域带来了机会，有待我们抓住，以及在哪些地方带来了问题，有待我们缓解。

第二部分

互联网：超级竞争，超快增长，以及

在全球市场上争夺注意力

第四章
全球市场与争夺注意力：互联网时代的交流与平台

　　尽管在发达国家的日常生活中，互联网已经无处不在，但作为第四次工业革命三大"超级技术"中的第一个，互联网对社会经济体系的影响仍在通过它的扩散有所体现。在许多方面，互联网为第四次工业革命提供了最基本的基础设施，具备机器学习功能的人工智能在使用它生成的数据时，会变得更加强大，区块链也因此成为可能。随着互联网的演化、发展和扩散，它将继续为寻求在全球经济中立足的个人带来新的机会和挑战。

　　在本章中，我们将应用布里斯班俱乐部模型来分析互联网超级技术及其所构成的经济基础设施可能对社会经济体系带来哪些影响。2010 年，张夏准（Ha-Joon Chang）曾说过一句名言：互联网对全球经济的影响还不如洗衣机。对于生产率的提高而言，可能的确如此。然而，我们将看到，对于社会经济体系内可能实现的新的连接结构，对于互联网所创造的全球机会，对于它给市场竞争带来的挑战，以及它所创造的对注意力的争夺而言，互联网无疑是一项产生深刻影响的技术。

我们将从互联网到底是什么以及它创造了什么人类行为能力说起。接着，我们将在此基础上确立技术与心理过程之间的关系，并分析它可能会如何催生从旧模式到新模式的行为变化。我们可以以此评估互联网带来的机遇，但我们也将明确技术是如何通过与心理过程互动而带来挑战的。有了这些，我们就可以从技术促成的微观动态中后退一步，分析互联网具体可能如何继续颠覆更广泛的社会经济体系，以及该体系将如何在它将创造的中观人口中实现再协调。

互联网：一项卓越的数据传输技术

我们问"什么是互联网"就有点像鱼在问"什么是水"；互联网是现代生活中无所不在的一个方面。但如果我们理解了这项技术到底是什么，以及它能让我们做什么，我们就能更好地理解它与心理过程各个方面的关系，从而理解它在微观层面上为行为改变和在宏观层面上为社会经济演化带来的可能性。要做到这一点，最好的方法之一可能是思考它在历史上是如何作为一个特定问题的解决方案而出现，然后提供了一系列其他的可能性的。

最早的计算机是封闭的系统——单台的、完整的、与其他任何系统都不相连。它们只能处理人类编写储存在电脑里的信息，使用人类写入电脑的处理算法，而且只能使用自己的硬件。它们本质上是一台台放大了的袖珍计算器。然而，在计算机出现后不久，人们就想到了一个问题：它们之间是否可以相互连接，以便在计算机之间传输信息和程序，以及给它们分配任务。在 20 世纪 60 年代后期，美国组建了阿帕网（ARPANET），最开始连接了加利福尼亚大学洛杉矶分校（University of California, Los Angeles）和斯坦福大学（Stanford University）的计算机，然后是加利福尼亚大学圣塔芭芭拉分校（UC Santa Barbara）和犹他大学（University of Utah）的计算机，允许它们直接把一台计算机上的信息（"数据包"）传输到另一台计算机，并分配计算任务。随后，计算机内部的基础传输协议，以及运行传输协议的物理基础设施发生了变化和改进。"调制解调器"的发明带来了重大突破，它允许传输协议将数据包转换成声音，在现有的电信基础设施上运行。于是，"拨号"互联网诞生了，在"拨号"网络中，人们可以使用调制解调器用电话网络执行传输协议，从字面上讲，就是先用电话线发送用互联网把一台计算机上的数据包传输到另一台计算机上的请求，然后再进行传输。

著名的欧洲核子研究组织（CERN）的蒂姆·伯纳斯 – 李（Tim Berners-Lee）实现了第二个重大突破，也就是我们现在所知的互联网，他想设计一种更符合人体工程学的方式来发送传输数据包的请求，并在计算机之间执行传输协议，不必再像以前那样费力地编码。为此，伯纳斯－李发明了"超文本传输协议"（Hypertext Transfer Protocol，http），其中嵌入了一个子程序，这个子程序中有一个数据包，数据包里包含了一份传输协议，该协议可以通过用鼠标点击计算机屏幕上的特定文本体（"超文本"）来执行。伯纳斯－李的发明带来了我们现在所称的万维网（World Wide Web）：一个在互联网内存储数据的计算机网络，这些数据可以通过超文本传输协议执行的请求进行传输。随着搜索引擎的出现，很快非专业人士就能访问这部分的网络。最著名的例子当然是谷歌搜索引擎，它建立了一个可搜索的数据包索引，通过简单地执行嵌入在每个数据包中的所有超文本协议并进行重复操作，在互联网上传输数据包。现在我们把这些数据包称为"网站"，把执行传输请求的超文本称为"链接"。当它们被传输到我们的电脑上供我们查看时，我们就能"访问"它们。

直到今天，万维网只包含互联网上存在的一小部分数据包。在"深网"①（deep web）中存在着大量的"网站"（数据

---

① 深网：指互联网上那些不能被标准搜索引擎索引的非表面网络内容。——译者注

包），这些网站不能通过超文本协议传输，因此也不能通过搜索引擎访问。例如，你的电子邮件登录网站存在于万维网中，但你的电子邮件存在于"深网"中，它们只能通过特定的传输协议访问。在"暗网"[①]中存在着更多的"网站"，它们只能通过特定的授权和软件进行传输。

当然，最初由于电话网络的限制，互联网一次只能传输几个数据包，但电话网络为大规模的互联网提供了最初的基础设施。本书的两位作者都记得，在20世纪90年代末，因为调制解调器和电话不能同时使用，所以你只能在确定不会接到电话的情况下使用互联网。那个时代的互联网很大程度上是由数据包组成的，这些数据包只包含了几行文字，也许还有一两个图像。有了这两项发明，后来才有了我们所知的现代互联网。宽带基础设施的出现极大地扩展了可以传输的数据量，因此可以传输更复杂的数据包，这些数据包不仅包含文字，还能包含图片和声音，然后是越来越复杂的视频和音乐录音，最后是实时的语音和视频通信。无线调制解调器

---

① 暗网：互联网是一个多层结构，"表层网"处于互联网的表层，能够通过标准搜索引擎进行访问浏览。藏在"表层网"之下的被称为"深网"。深网中的内容无法通过常规搜索引擎进行访问浏览。"暗网"通常被认为是"深网"的一个子集，显著特点是使用特殊加密技术刻意隐藏相关互联网信息。——译者注

技术的出现使数据包的空中传输成为可能，这样计算机就不再是唯一可以支持互联网运行的物理基础设施，并使得人们能够用笔记本电脑和智能手机等移动设备访问计算机。当然，随着互联网技术的不断发展，使用互联网的费用变得越来越便宜，因为随着规模经济的出现，调制解调器和计算机的价格在不断下降。

因此，现代网络发展成了一个巨大的计算机网络，存储着可以根据执行传输协议的请求进行传输的数据。它使人们能够几乎在瞬间以实际为零的边际成本共享大量数据，从而促进了迄今难以想象的通信和社交网络的出现。地球上任何地方（或者在越来越多的地方，甚至在地球外）的任何两个人，只要他们拥有一台连接到互联网的计算机，就可以几乎在瞬间以实际为零的成本传递任何类型的信息。

现在，彻底改变了互联网，使它不仅成为第三次工业革命，而且成为第四次工业革命的核心技术的，就是与互联网相连的移动设备的兴起，尤其是智能手机。在第三次工业革命时期，互联网使即时的实际零成本通信成为可能，但前提是你必须与一个相对固定的接入点（比如个人计算机）连接，就像你使用固定电话时一样。在向第四次工业革命过渡的过程中，互联网接入点被嵌入移动设备（智能手机）中，人们可以随时随地方便地访问这些设备。随着智能手机的兴起，可以说，第四次工业革命的互联网在向你走来，而不是你去找到它。第四次工业革命的互联网在日常生活中变得无所不在，而不仅仅是一个在需要时可以使访问的方便的网络。这项技术不再是连接和适应经济活动的网络，而是成为构建经济系统的无处不在的基础设施。

当然，这种新形式的互联网为我们在 21 世纪初看到的许多信息技术提供了基础设施。出于商业目的的人际交流当然是电子邮件最早的用途之一，但随着互联网的发展，与他人分享大量关于自己和自己生活事件的数据成为可能，人们甚至可以用它来生成记录日常生活的视频日志（视频博客）。因此，它成了社交媒体出现的必要基础设施——脸书、推特、照片墙（Instagram）和油管（YouTube）网站已经成为发达经济体中人们生活里不可或缺的一部分。能够在互联网大规模交流信息，自然使全新的交易群体能够发现交易的机会，形成市场，即帕克（Parker）、范·阿瑟蒂恩（van Asltyne）和乔德里（Choudary）笔下的"平台革命"。有趣的是，这些商业平台与社交媒体平台一样，对现代生活不可或缺，现在已经很难找到没听说过易贝、亚马逊或优步的人了。这些平台上的个人交流产生的大量数据是大数据兴起的原因，大数据使我们能够（特别是在它可以为具有机器学习能力的人工智能提供数据的情况下）针对大量人口推断其行为模式和趋势，规模达到了前所未有的水平。可以共享的不仅仅是基本数据包，整个程序使个人能够获得解决问题的算法，比如保存运动数据，更有效地获取工资单，甚至通过下载这些"应用程序"来娱乐自己。互联网为物联网（Internet of Things）提供了基础设施，物联网通过在各种电器或机器内嵌入与互联网连接的计算机，使用户能够访问实时数据，从"智能电网"到简单的家用电器，物联网使日常生活变得更有效率。物联网已经发展到可以从智能冰箱自动发送食品杂货订单的阶段。互联网甚至开始将数据传输到设备，将计算机生成的物体和事件覆盖到实体环境，使增强现实变得更加可行。

我们应该注意的是，尽管这种技术提供了这种影响深远的能力，但它也是挑战，因为执行传输协议意味着系统可能会在计算机之间传输数据包，并满足计算机提出的请求，但在计算机上存储了数据的个人可能不会答应这种请求。互联网内的传输协议可能会同时带来人们期望发生的和不期望发生的数据传输。换句话说，互联网使我们能够利用一种影响深远的新形式的信息通信技术，但同时也使影响深远的"黑客"行为成为可能，而这可能会带来重大的商业和政治后果。当然，这就会涉及网络安全，设计更好的传输协议是为了更好地防止存储在计算机上的数据包在未经数据所有者同意的情况下在深网中传输数据。

因此，互联网本身就催生了需要应对的挑战和需要解决的问题——在拥有互联网的世界中，数据可能会在所有者不期望发生的情况下进行传输。但在这个世界里，数据也可以进行人们期望发生的传输，由此创造的通信潜力正是如今我们在研究互联网和心理过程间关系时的切入点。理解了这种关系，我们就可以理解互联网可能如何通过在微观层面改变行为，从而影响社会经济体系，带来新的行为模式，也可以评估这种情况带来的机会和挑战，然后评估它可能造成的宏观层面的颠覆和再协调。

为什么互联网很重要：全球范围内的社会经济互动平台

我们已经看到，互联网是存储大量数据的计算机网络，通过请求执行传输协议，就可以把这些数据从一个设备转移到另一个设备，并且让任何两个访问它的个人能够几乎在瞬间进行实际边际成本为零的通信。这与社会经济系统的演化尤其相关，因为它通过扩大人类能力的范围与（人的）行为相互作用，经济学家和心理学家把这个过程称之为检索。互联网为人们提供了通信能力和平台，这为在全球范围内开发市场提供了前所未有的机会，但也可能给这些市场带来了挑战——超级竞争。

从最基本的意义上说，通过允许任何两个个体几乎在瞬间以实际为零的成本进行信息传递和通信，互联网显著地提高了个体发现交易机会的能力。尤其是搜索引擎提供的这样一种可能性，原则上来说，任何两个与互联网相连的个体仅通过万维网上的一个存储有数据、能够被搜索引擎搜索到的网站，就可能发现彼此，沟通交易机会。现在和将来的大量商业活动就是这种可能性所导致的结果，但随着平台的出现，商业活动被拓宽了，这些平台是存储潜在交易数据的集中数据库，可以随时对其进行搜索以快速达到目的。古老的集市改头换面，易贝、亚马逊、优步、Foodora①和Gumtree②应运而生。但现在集市已不局限于一个物理空间——任何两个可以在任何地方接入互联网的个体都可以即时有效地以实际为零的成本进行沟通，并发现交易机会，就像他们在集市广场上见面时一样。

因此，互联网的作用是，在不产生大量成本的情况下，极大地扩展了人类进行交易的能力范围。现在，在日常生活

---

① Foodora：德国知名外送食品配送服务商。——译者注
② Gumtree：英国最大的分类信息网站。——译者注

中人们在真正的全球市场中发现获得商品和服务的机会已经成为可能，因为任何两个人在任何地方都可能以实际为零的成本发现交易机会。显然，这对商品和服务的购买者来说无疑是很好的机会，因为他们能更容易地发现自己更喜欢的商品和服务。互联网使行为模式的改变成为可能，旧的行为模式更局限于在地域意义上的本地市场中获取商品和服务，而新的行为模式则可以使人们在真正的全球市场中获取商品和服务。通过扩展人类搜索能力的范围，以及发现经济交易机会的能力，互联网为新的、真正的全球市场结构的出现提供了平台。

现在互联网创造了这种可能性，但这并不意味着我们将观察到行为模式更迭过程中所发生的行为变化。对个人而言，随着基于互联网的市场互动平台在全球范围内出现，可能会出现两种结果。个人也许能够在超级市场中获得超快速增长的机会，但这些市场中的超级竞争也会给个人带来挑战。会出现哪一种结果，取决于个人在互联网市场平台上提供的商品和服务是否存在可替代性。

当市场正在提供某种特定的商品或服务，但存在其他可替代的商品或服务时，互联网的作用就是使其他的商品和服务更有可能被发现，带给人们获得它们的机会。如果这些商品和服务的销售者所提供的成本－收益组合超过了可替代的临界点（例如，根据价格和商品属性所提供的适当的激励机制），那么这些个人将会改变行为以获得这些商品和服务。在互联网平台上实现的市场规模也让这样的卖家极有可能被找到。因此，对于那些提供存在替代品的商品和服务的人来说，互联网带来了一定程度的超级竞争。我们可以用迈克尔·波特（Michael Porter）所谓的五种竞争力量来表示这种竞争。因为互联网显著扩大了市场规模，使人们更容易获得替代品，因此增强了特定产品的买家和特定产品的供应商的力量，增强了产业内部和产业间的竞争，使得新的竞争者更有可能在未来加入进来。也就是说，互联网的作用是放大所有市场的所有五种竞争力量。这是互联网带来的一个重大挑战——如果一个人要提供一种商品或服务，在存在替代品的情况下，仅根据价格和商品属性提供一个相当好的成本－收益组合是不够的，他必须提供全世界最好的组合。

此外，当市场上正在提供某一特定商品或服务，而且不存在其他可替代的商品或服务时，那么相对而言，这些商品和服务的卖家就没有面临互联网超级竞争带来的挑战。实际上，互联网的作用是通过提高人们发现这些商品和服务潜在买家的可能性，为他们提供进入全球市场的机会。只要这些商品和服务的卖方能够以足够低的成本生产和运输这些商品和服务，使其处于喜欢这些商品或服务的买方市场的可购买范围内，商品或服务的卖方就可以在全球范围内占据"利基"市场①。这些商品和服务缺乏可用的替代品意味着他们将在这个领域的竞争，他们可以扩展其业务的极限程度就是他们出售的产品的最小市场规模，即在该生产规模收益率下边际利润为零。显然，这为这些商品和服务的销售者提供了一个重要的机会。互联网的作用是带来了一个高速增长的机会和一个全球市场，在这个市场中，人们可以提供一种没有替代品的商品或服务，只要生产能力允许，就可以抓住这种机会。

第四次工业革命中的互联网"超级技术"的特别有趣之处在于，这些竞争动态影响着发生社会经济互动的平台。布莱恩约弗森和麦卡菲特别关注了这一现象，尽管描述时用了不同的术语：现在，社会经济互动平台本身就是商品的情况是很常见的。互联网时代的集市本身就是一种可以买卖的商品。我们发现，这些平台特别容易受到我们所讨论的竞争动态的影响，因为它们在某种意义上存在于全球市场的元市场中。当人们提供了一个不存在替代品的平台时，这个平台就具有超快增长的潜力，因为它会成为某种商业形式的全球平

---

① 利基：指针对企业的优势细分出来的市场，这个市场不大，而且没有得到令人满意的服务。产品推进这个市场，有赢利的基础。——译者注

台。如果人们提供了一个实际存在替代品的平台，那么当他们的平台在全球元市场中为了寻求被更多地采用而展开竞争时，就会受到超级竞争力量的影响。事实上，这些情况在元市场的平台上会被放大，因为采用它们的预期结果是由"网络效应"决定的：被采用得越多，采用它们的预期结果就会越好。

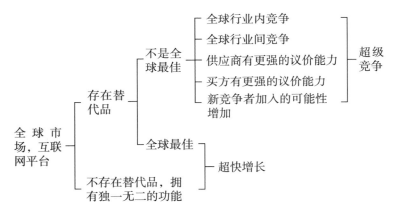

图 4.1　全球市场和竞争力量

注：互联网的作用是创造真正的全球市场，如果一种商品代表了全球最佳水平或拥有独一无二的功能，那么创造价值的交易网络就拥有了高速增长的潜力；如果情况并非如此，那么迈克尔·波特所谓的五种竞争力量就有潜力得到增强。

在研究互联网在第四次工业革命中带来的这些机遇和挑战时，我们认为，交易的机会将通过买家和卖家在真正的全球市场中进行搜索活动而被发现。然而，通过搜索发现的信息具有相对的可获得性，所以这些信息不一定会被发现。进一步来说，它们不一定会被了解。因此，当互联网超级竞争带来挑战时，我们还必须思考，如果互联网可能不会保证竞争会通过搜索被发现，这种可能性的存在是否会减轻这些挑战。同样的，当互联网的超快增长带来机会时，我们还必须思考，如果互联网可能不会保证全球范围内的交易机会能通过搜索被发现，这种可能性的存在是否会抵消这些机会。

互联网上的注意力争夺：信息海洋中的认知制约

我们只会注意到显而易见的东西，这是人类行为中一条不言而喻的道理。但与这一真理相对应的事实有着进化论的存在基础。环境中的信息比我们的认知能力所能处理的要多得多。伟大的经济学家罗纳德·海纳（Ronald Heiner）指出，这导致了我们在心理处理过程中所谓的"能力 – 困难"缺口的出现，如果我们试图弥合它，这会导致我们瘫痪，无法做出任何决定，更不用说正确的决定了。为了能够使自身的机能正常运作，我们必须过滤掉在社会经济环境中看到的大量信息，才能专注于环境中最重要、最显著的方面，由此做出决策。我们的注意力必须集中在环境中的这些方面。

我们已经看到，在布里斯班俱乐部模式下，显著性在社会经济体系中发挥着怎样的作用。只有当环境中的物体和事件以一种能给感觉器官留下足够强烈印象的方式被放置和呈现时，它们才能被感知到。因此，为了使任何行动可能实现，我们必须先在环境中放置和呈现与如何以及为什么要参与其中的知识要素相对应的信息，以便在感觉器官上留下足够的印象。如果人们没有在环境中放置和呈现这类信息，那么进一步思考可替代性和竞争就没有意义了，因为关于如何按某种方式行动的信息（更不要提为什么要按某种方式行动的信息了）没有呈现出来，无法指导个人做出决策。

这个问题在第四次工业革命中尤为重要，因为互联网的核心"超级技术"的本质是一种让人们能够以某种方式交流信息并通过搜索发现新信息的技术，这在以前是不可能做到的。搜索的结果不仅受限于搜索引擎和平台的算法结构，以及它们与买方或卖方进一步搜索的成本和收益的相互作用，而且还受限于个人的认知局限。互联网创造了这样一种可能性：个人可以利用搜索创造经济效益，将与新信息对应的信息放置并呈现在他们所在的环境中，使其被人们发现。但这样做并不能确保信息一定会被看到，因为显著的信息会吸引人们的注意力并在感知的过程中过滤掉环境中的许多信息。

互联网在本质上是一种覆盖全球的技术，因此，通过搜索发现和看到交易机会这个挑战并不小。全球市场中的卖方将寻求与任何买方进行交易的机会，原则上这会使任何一个卖方都很难在环境中放置和呈现能给感官留下足够强烈印象的信息。他们需要呈现给买方最引人注目、最巧妙的信息。这就产生了我们所知的"红皇后"效应[①]，即每个卖方不仅需要在环境中放置并呈现与交易机会相关的信息，而且要比其他卖方的信息更引人注目和巧妙。只有这样，个人买家的注意力才会被显著的交易机会所吸引，从而看到这些机会。

我们可以将这种影响与4P[②]或7P[③]联系起来，来理解它所带来的挑战。无处不在的互联网与全球市场上的认知局限相互作用，使最大限度地放置和推广一个人的商品和服务，并提供其品质的有形证据变得更加困难。在互联网上，我们

_____

① "红皇后"效应：种群生态学上的红皇后效应可以被定义为在环境条件稳定时，一个物种的任何进化改进可能构成对其他物种的进化压力，种间关系可能推动种群进化。——译者注

② 4P：指4P营销理论，即产品（Product）、价格（Price）、促销（Promotion）、渠道（Place）这4个基本策略的组合。——译者注

③ 7P：即客户关系管理中对客户概况（Profiling）、忠诚度（Persistency）、利润（Profit）、性能（Performance）、未来（Prospecting）、产品（Product）、促销（Promotion）的分析。——译者注

必须以一种容易被搜索到的方式放置和推广有关某一特定商品的信息，但必须比全球网络市场上的替代商品更容易被搜索到。这些信息还必须提供商品和服务质量的有形证据，而且给感官留下的印象必须比全球市场内关于替代品的其他信息更深刻。以上条件本是卖方必须满足的，但第四次工业革命的互联网超级技术使这些条件在全球市场上变得越来越难以满足。

因此，互联网为在真正的全球市场中实现潜在的交易提供了重要的机会，但这一方面也为通过搜索和发现来实现这些潜在的交易带来了挑战。事实上，这个挑战是平衡的。对于买方来说，实现交易的机会受到了限制，正如对于卖方来说，实现交易的机会受到买方认知约束的限制。买方受到的限制是他们搜索交易机会的程度，以及这些放置和呈现在互联网上的交易机会给买方的感官留下印象的深刻程度。卖方受到的限制是在传播交易机会后，这些机会通过互联网搜索被买家发现的程度，以及他们在将这些机会放置和呈现在买方所处的环境中时，给买方的感官留下印象的深刻程度（如图 4.2 所示）。

为了通过互联网搜索和发现来实现全球市场上的交易机会，卖方必须克服技术本质及其与心理过程相互作用所带来的一些挑战。他们需要能够在互联网上把传播交易机会的信息放置在一个位置，使买家在停止搜索之前很容易发现他们的信息。但是这些在买家环境中被搜索到的信息的放置和呈现方式也必须比其他被搜索到的信息更引人注目。可以说，在随着互联网及其平台的发展而发生转变的社会经济体系中，最有价值的"商品"是关注。如果不能引起潜在买家的注意，并成功地持续吸引住他们的注意，就不可能实现交易。

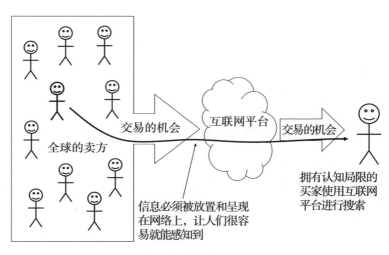

图 4.2　互联网市场中的认知局限

注：人类的认知局限意味着，不是所有通过互联网传播的交易机会都能被发现，更不用说感知了。机会必须被放置在互联网上，使买方很容易搜索到，而且呈现的方式要给买方的感官留下足够强烈的印象。

伴随全球市场出现而发生的破坏和再协调：超负荷运转的经济

通过将技术的本质与心理过程联系起来，现在我们已经建立了互联网的微观动态。我们发现，互联网提高了人们行为改变的可能性，因为它使人们能够真正地在全球范围内搜索交易机会，这在之前几乎是不可能的。当人们发现了这样的机会，就有可能在全球范围内实现这些交易机会。第一，互联网的本质对成功传播交易机会，然后通过互联网搜索被发现，让这些机会真正被看到这个过程提出了挑战。这些机会需要以一种能给感觉器官留下足够强烈印象的方式被放置和呈现出来。第二，互联网为那些存在替代品的商品和服务的供应商带来了进一步的挑战，因为互联网往他们的经营中注入了超级竞争的元素，与此同时，如果生产能力允许，全球市场为那些不存在替代品的商品和服务的供应商创造了超快增长的机会。这是由互联网带来的一种可能性：使过去的、更本地化的经济行为模式转变为新的、更全球化的行为模式。在得出了互联网的出现会带来微观上的行为变化的观点之后，我们可以提高我们的分析层级，将社会经济系统视为一个整体，并在这个层级上分析互联网崛起可能产生的影响。

互联网为买卖双方提供了一种新的经济行为形式，在这种形式中，决策前的搜索具有全球性。这体现在一系列可能在互联网平台上实施的一些市场的潜在中观规则。随着互联网这种通用技术开始普及，独立于互联网的现有中观规则所建立的联系被转移到采纳互联网规则的个人身上，我们预计会看到，正如我们确实已经看到的那样，会出现许多颠覆与变革。存在其他替代品的商品和服务的卖方面临着超级竞争，这种竞争容易颠覆现有的商业模式，导致市场放弃现有的商品服务供应商，选择能够提供成本－收益组合且能够达到全球竞争标准的供应商。然而，随着新的互联网中观规则的传播，并开始控制越来越多个人的行为，我们很可能会看到，而且已经开始看到，社会经济体系正围绕着新的中观规则和与之相关的中观人口进行再协调。

如果个人和团体能够预防互联网带来的超级竞争，并利用它带来的超快增长的机会，那么他们将会变得更加成功，并在这个经过再协调的新经济环境中抓住机遇。要在这个围绕互联网中观规则进行再协调的经济环境中抓住机遇，需要特殊的智慧。这不是一个对有意竞争者友善的经济体系。它将主要奖励那些能够发现市场缺口的企业家，他们需要针对这些市场缺口开发一种商品或服务，而且至少在一段时间内将不会存在其他可替代的商品和服务。这强烈印证着彼得·蒂尔（Peter Thiel）的劝诫：规避竞争，寻找不需要成为全球最佳的利基市场。随着互联网中观规则继续传播，应用这些规则的中观人群在更广泛的社会经济体系中进行再协调，我们将看到（正如我们已经看到的那样）一个由各类企业主导的社会经济体系，在这个体系中，每一家企业都占据着特定的利基市场，并服务于全球市场，同时还有一些能够在超级竞争中生存下来的适应力极强的企业。

　　然而，要在这个刚刚进行过再协调的经济体中抓住成功的机会，也需要另一种智慧。卖方需要使潜在买家可以很容易通过搜索发现交易机会，当买方发现交易机会时，卖方需要在环境中以一种能够捕捉和吸引住潜在买家注意力的方式放置和呈现交易机会。在这个经济体系中，最重要的是吸引潜在买家的注意力。这个体系将奖励那些能够传播交易机会的企业家，这些企业家会用一种战略性的方式把交易机会放置于互联网内，使其更容易被搜索发现，同时也要对信息进行设计，在潜在买家的环境中以一种能对他们的感官留下足够深刻印象的方式放置和呈现这些信息。随着互联网中观规则的继续扩散，应用这些规则的中观人口在更广泛的社会经济体系中进行再协调，我们将观察到一种由一系列企业主导的社会经济体系的出现，这些企业拥有强大的战略，他们利用互联网平台成功地在全球市场传播交易机会，通过让潜在买家搜索并发现这些机会来获得高速增长。那些没有制定这种战略的企业将无法成功地发现交易机会，因为他们没有设法在互联网时代最重要的竞争领域获得成功，那就是争夺关注。

最后，在更广泛的社会经济体系方面，我们应该认识到，互联网很可能对社会经济体系的动态产生影响，这是我们不会从微观分析中特别观察到的一个特点。互联网使快速、近乎即时、实际的零成本沟通成为可能，而全球各地分布着无数可以上网的受众。这就导致中观规则一旦建立，其扩散的速度要比原来快得多，曾经通信网络是不依赖于互联网的，观点经过交流会成为知识，知识会成为规则，在通信网络中进行传播。因此，总的来说，当我们观察到互联网技术扩散带来的新的中观规则，以及社会经济体系被全球市场的互联网平台所主导时，我们将观察到一个混乱得多的社会经济体系。用传统的语言来说，新的中观规则形成了，然后花了大约半个世纪的时间来全面扩散，它们最初颠覆了社会经济体系，然后导致它进行再协调。在第四次工业革命中，我们可以预期这一过程将大大缩短。扩散过程不会只持续几周、几个月、几年，我们可以预计它会在几十年里持续进行，因此，中断和再协调将成为社会经济生活中一个更加明显的特征。

小结：全球市场与争夺关注带来了有待抓住的机会和有待减轻的挑战

在本章中，我们应用布里斯班俱乐部模型分析了第四次工业革命的第一项"超级技术"——互联网——可能产生的影响。我们看到，就社会经济体系内可能实现的新的连接结构而言，互联网创造的全球机遇和带来的挑战是深远的。互联网这项技术给真正的全球市场带来了挑战和机会，也带来了挑战，这是因为在它存在的世界里，努力吸引潜在买家的注意力是最重要的。

我们看到，互联网是一个巨大的计算机网络，网络中存储的数据可以根据执行传输协议的请求进行传输。它允许人们能够几乎在瞬间以实际为零的边际成本共享大量的数据。因此，它促成了曾经难以想象的通信和社交网络的诞生：任意两个人只要有互联网连接，就能够以几乎以实际为零的成本进行通信。互联网为我们在 21 世纪初观察到的许多技术提供了基础设施，它们包括信息通信技术、社交媒体、大数据、应用程序、物联网、增强现实，以及最重要的市场互动平台。

通过使任意两个人可以几乎在瞬间以实际为零的成本进行交流，互联网显著地提高了个人在真正的全球范围内搜索并发现交易机会的能力。因此，它展现出了从旧的、更本地化的经济行为模式转变为新的、更全球化的互联网行为模式的可能性。这就为买家提供了良好的机会，因为他们将更加能在不断全球化的市场中发现更适合他们的商品和服务。互联网给卖方带来的是挑战还是机遇，取决于他们的商品或服务是否具有可替代性。如果确实具有可替代性，那么互联网的影响就是在全球市场中引入某种程度的超级竞争，企业必须通过调整价格和产品属性来提供全球最佳的成本－收益组合，才能获得成功。如果不具有可替代性，那么互联网的作用就是在生产能力允许的情况下，为商品或服务在全球市场的超快增长创造机会。然而，这些机会只有在通过互联网搜索并发现交易可能性时才能实现，这需要制定一项策略，使这些信息在互联网内便于访问，而且以一种能给潜在买家的感官留下足够深刻印象的方式放置和呈现这些信息。第四次工业革命中至关重要的是成功地吸引潜在买家的注意。

在社会经济体系的宏观层面，随着市场放弃现有的供应商，转而选择提供了符合全球竞争标准的成本－收益组合的卖方，市场上出现的新中观规则可能会在互联网平台上实施，这些规则正在而且将会产生颠覆性影响。然而，随着这些新的互联网中观人口继续扩大，我们将观察到社会经济体系进行再协调。这些体系将由各类企业主导，每家企业都会占据一个特定的利基市场，并与少数能够在超级竞争中生存下来的适应力极强的企业一道服务于全球市场。然而，这些企业也将采用一种强大的战略，利用互联网平台成功地在全球市场传播机会，使潜在买家通过搜索发现这些机会，从而获得超快增长。与此同时，第四次工业革命中通信网络密度的提高将意味着传播过程将变得更快，颠覆和再协调会成为社会经济体系中更有规律的组成部分。互联网的存在会使第四次工业革命中的生活变得更加混乱，它将带来挑战，也将给那些有准备的人带来重要的机遇。

第五章
你口袋里的海洋： 全球市场的案例研究和争夺注意力的努力

无处不在的移动和可穿戴智能设备，以及联网设备和家电网络（物联网）蓬勃兴起，它们共同构成了第四次工业革命的核心技术基石，对经济产生了巨大影响。从 20 世纪 80 年代末的数字革命中期开始，互联网就已经存在了，但如今互联网的相对普遍性和可访问性，社交平台的兴起，智能手机技术、操作系统和应用程序市场的成熟，以及通过数据收集和通信实现的以物联网为中心的生产效率，都确保了以互联网为中心的技术在第四次工业革命期间继续带来持续的经济增长。

本章将继续推进，主要探讨移动和可穿戴智能设备，而不是物联网应用——这不是因为物联网应用无关紧要，而是因为在移动和可穿戴智能设备方面有着更丰富的使用案例。在之前讨论的基础上，本章将研究其中的几个案例，以帮助人们理解经济价值是如何创造出来的。

个人智能设备经济价值的第一个来源主要是新的市场创

造和市场准入。个人智能设备经济价值的第二个来源是，个人智能设备为许多有规律的生活过程增添了便利，减少了执行这些任务所需花费的时间、金钱和精力。个人智能设备经济价值的第三个来源是对零碎时间的有效利用，在这段时间里，短暂地拿出你的智能手机来上网是可行的，但以其他任何方式上网都不是特别可行。此外，还有许多其他的实用收益影响着人们的生活质量，如免费娱乐。在本书中，我们对那些使互联网成为可能的令人难以置信的技术细节不感兴趣。这部分可以参考其他已经对此进行过详尽讨论的书籍。我们感兴趣的是发展，纯粹从终端用户的实用收益以及这对整个经济社会的综合影响的角度进行探讨。

智能手机和可穿戴技术

在过去的 10 年里，移动计算设备已经占领了世界。尽管人们会提出，智能手机早在 1996 年 Nokia Communicator 系列问世时就已经存在了，但 2007 年苹果手机的首次亮相几乎被普遍视为智能手机时代到来的一个关键节点。截至 2012 年底，全球流通的智能手机超过 10 亿部，到 2019 年，已接近 30 亿部。各种可穿戴智能设备（主要是智能手机和健身追踪器）同时流行起来，这是商业环境下物联网发展起来的一个简单例子。然而，在大多数情况下，这些可穿戴技术要依靠智能手机接入本地网络和更广泛的互联网。因此，在接下来的案例研究中，我们只考虑智能手机的作用，因为可穿戴技术的经济效益往往只是智能手机所带来的效益的一个子集。

人们能从智能手机中获得价值，主要是因为智能手机能使他们实现接入互联网的所有好处，然而是以一种更灵活的方式实现的。人们不再需要花费时间和精力来到并坐在台式电脑或笔记本电脑前才能访问互联网；无论人们在哪里，他们都可以在几秒钟内方便地访问互联网。将计算和互联网访问从台式设备转移到移动设备的价值可以体现为一个人每次访问互联网所省下的时间，以及每次在现有资源下无法使用电脑，但通过手机可以接入网络所带来的益处。持续访问互联网的便利性使人们形成了新的行为特征。例如，由于工作记忆的外包，注意力的持续时间缩短，认知能力下降，这就产生了数不清的流动效应[①]：其一是学生在大学课堂上注意力集中能力的下降，其二是行人因智能手机分心而行为发生明显变化，可能会增加交通事故的风险。

---

① 流动效应是指，当直接结果在其他情况下引起类似影响时对行动产生的间接影响。——译者注

教育类应用程序

教育作为一种经济商品受到了人们的重视，因为它通常帮助人们实现梦寐以求的地位、安全和实力等第二终极目标。为了获得地位，人们通常会选择接受教育，因为口才或对技能和抽象知识的掌握往往会提高他们在同辈群体中的地位。如果提供教育的一方是一个著名机构，情况尤其如此。为了获得安全，人们通常会选择接受教育，因为他们可能会认为，这随后会提高他们作为劳动力市场雇员的价值，从而提高他们获得稳定、高薪工作的机会。对自我教育进行投资，也可以帮助他们通过更好地了解风险减轻和保险战略来获得安全。在获得实力这一层面，如果人们相信，通过与讲师、同学建立联系，以及通过课外活动建立联系，他们可以提高自己的个人影响力和创造机会的能力，使自身的能力与更高层次的目标相一致，那么他们通常也会选择投入时间、金钱和精力来接受教育。高等教育是不同寻常的，因为它既可以是一种面向私人的商品，也可以是一种准公共商品，因为它首先使私人利益增加，然后对社会上的其他人产生了积极的外部效应。

智能手机在教育领域创造了经济价值，因为新的学习方法由此诞生。许多教育机构现在都会提供一种移动应用程序，通过这个应用程序人们可以在课堂之外进行学习，例如，在乘坐公共交通工具的时候。智能手机之所以能创造额外的价值，是因为原本这些通勤时间可能没有没办法创造价值，但智能手机提供了一种利用这段时间获取价值的方式。语言学习平台"多邻国"（Duolingo）就是一个很好的例子，它在过去十年中凭借其令人愉快学习的移动应用程序而脱颖而出。人们不需要花费时间和金钱去上线下语言课就能学习语言，因此从中获得了价值。由于该应用程序可以通过智能手机访问，所以人们可以随时随地使用"多邻国"。这款应用还允许用户在平台内与好友创建群组，用户可以相互支持和竞争。通过帮助人们实现社会归属层面的基本目标，"多邻国"为用户提供了更多的实用价值。

娱乐类应用程序

移动娱乐（M-Entertainment）的精确定义和适用范围存在一些不确定性。然而，智能手机用于娱乐的方式有很多种——可能会促进经济增长也可能不会。例如，大多数现代智能手机都有内置摄像头，用摄像头进行摄影或录像会被认为是一种娱乐形式，但这不会为经济增长做出贡献，除非用户创作的媒体文件随后被出售。

移动娱乐，反映着身体稳定性的基本目标，如果用户与他们的朋友或与社群其他成员一起娱乐，那么乐趣和娱乐对大脑的积极刺激会促进健康、增进社会归属感。游戏是移动娱乐的主要元素。大多数智能手机的用户可以通过内置应用程序和相关应用商店中的第三方应用程序玩游戏。人们也可以通过使用智能手机来获得娱乐价值，比如油管上的视频内容，或网飞（Netflix）上的电影和节目。

翁（Wong）和丘（Hiew）提出了一个简单但有用的模型来帮助人们理解不同形式的移动娱乐与互联网和商业的关系，如图 5.1 所示。图中区域 1 对应的是移动娱乐服务集合，其中包括在互联网上与智能手机用户进行的货币交易。这将包括付费游戏等需要在应用商店购买才能使用的服务。区域 2 对应的是免费移动娱乐服务集合，使用这部分服务不需要与第三方服务提供商接触，但需要连接到网络才能运行。其中包括免费的游戏，例如多人体育游戏，可以接入本地 Wi-Fi 网络，和朋友们一起玩。图中区域 3 对应的是可以在不接入互联网的情况下消费的免费移动娱乐服务集合。例如，即使是在与互联网断开连接的情况下，用户也可以在智能手机 CPU（中央处理器）上运行国际象棋应用程序。

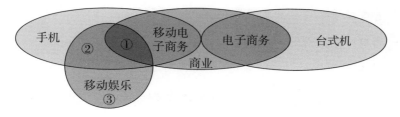

图 5.1　简单的移动娱乐模型

资料来源：改编自翁和丘（2005）。

　　决定消费者是否会参与某种特定形式的移动娱乐的关键因素通常被归类为感知易用性（PEOU，perceived ease of use）和感知有用性（PU，perceived usefulness），它们反过来又会受到用户对服务的信任程度、感知财务成本（PFC，perceived financial cost），以及服务质量（QS，quality of the services）的影响。

　　智能手机的娱乐类应用程序仍在快速发展，尤其是在新兴经济体中。例如：

　　中国的互联网年轻用户更关注娱乐服务，而不是传统的互联网应用——信息搜索和电子邮件。在网上的大部分时间里，他们会玩网络游戏，观看电视节目和电影，在虚拟世界中扮演网络角色，并建立在线社区，一起度过快乐时光。随着智能手机成为中国互联网接入的首要渠道，如今年轻一代的用户无论何时何地都能在"碎片化时间"里享受乐趣。

文字和语音：从阅读和打字到听和说

在过去 10 年中，基于语音的自然语言用户界面逐渐兴起，这改变了人们与个人智能设备互动和访问互联网的方式。如今，全球的科技公司都提供支持语音的智能集线器，这些集线器可以在消费者物联网网络中与其他消费者设备相连。大多数智能手机还配备了语音助手，能够根据语音命令进行互联网搜索和执行各种中等复杂的任务。语音搜索的早期形式是 20 世纪 90 年代的目录辅助（directory assistance）系统。最大的挑战在 21 世纪的头几年已基本克服，涉及准确的自然语言识别，以及将其转换为一系列连贯任务的能力，让设备先执行再做出反应。在过去的 15 年里，语音搜索系统和其他更广泛的商业语音对话系统（commercial spoken dialogue systems）取得了长足的进步，智能手机的处理、存储能力的进步为运行改进过的自然语言处理软件提供了必需的计算能力。

用智能手机执行语音搜索和其他基本任务的能力为终端用户创造了经济价值，因为说话并聆听设备的响应就不需要拿着设备打字或把视觉注意力集中在设备上。因此，与在智能设备上输入命令和文本搜索关键词，阅读设备做出响应或提供搜索结果的老式方法相比，用户的手和眼睛被解放出来，可以同时执行其他任务，从而实现了显著的实用价值。例如，一个人可能正在厨房准备食物或开车，现在他可以一边进行第一项活动一边搜索互联网。这意味着实现了时间上的节约，允许人们把更多的时间用于追求更高层次的目标。有了语音控制的智能设备，只要用户在智能设备的听取范围内，人们在完成任务的同时也可以移动起来，而不是固定待在某个地方。

通过语音控制智能设备的功能也使文盲或其他残疾消费者能享受智能设备带来的一些益处，如果在使用智能手机时必须手动输入命令或搜索问题，并因此需要拼写或查看屏幕，他们就会遇到困难。

谁控制着流动

任何经济市场中最基本的方面之一就是其中发生的交易。每一笔交易都代表着供应商和需求者之间，也就是生产者和消费者之间的价值交换。此外，在经济市场中发生的每一次价值交换都意味着出现了相应的经济流动，有的是货币和资本，有的是商品和服务，有的是信息和知识，或者人。是谁或者什么经济组织控制着这些经济流动？这对于理解经济各个层面的权力动态的真正构成是至关重要的。

实物商品的贸易流动往往涉及使用国内或国际的贸易路线。陆上的贸易路线已经从古代为运输货物的牲畜而设计的道路发展为如今为大型公路列车和货运火车设计的现代高速公路、铁路和隧道。海上贸易路线基本上保持不变，但运河缩短了旅行距离，航行的船只也变得大了许多。在过去的100年里，人们也开辟了航空贸易路线，通常用于运送轻量、紧急或贵重的货物。随着世界经济在过去三次工业革命中得到了发展，所有的贸易路线都变得更加繁忙。

这些路线对维持全球经济的发展极为重要，因为企业销售产品和消费者购买产品的能力取决于经济市场内贸易流动的能力，这些都与利润和生计息息相关。因此，自古以来精明的统治者和商人都明白，扩大对贸易路线的影响力，进而影响经济中的价值流动，能使他们获得一种权力。例如，如果出现了一家独大的情况——完全控制了贸易路线，那么控制贸易路线的一方也许就能够向希望穿越该领土或使用高速公路的商人征税。如果税价合理，那么商人们就会接受，因为缴税和正常经营能使他们获得比不使用高速公路时更多的收益。像这样一家独大的力量也许能够以其他方式施加影响：例如，制定它有能力执行的任何其他的规则；例如，只允许具有某些特征的买方和卖方进行交易。自古以来，历史上就有无数的例子，其中一个典型就是纳巴泰人（Nabateans）在阿拉伯湾和死海之间建造了佩特拉古城（Petra），从而有效地控制了阿拉伯和大马士革之间的熏香贸易路线。

在现代，民族国家仍然非常重视对贸易路线的实际控制和对贸易规则的控制。这两个因素在跨国公共政策中都发挥着重要作用。例如，美国倾向于在和平时期用海军巡航国际水域，特别是交通繁忙的国际贸易路线，目的是确保其战略竞争对手不会在这些区域获得太多权力。印度洋上的马六甲海峡是东非、欧洲和东亚之间的交通要道，但对中国来说，这可能意味着一种战略风险，因为该地区主要由印度尼西亚和新加坡控制，和与中国的关系相比，这两个国家与美国的关系常常更加密切。出于这个以及许多其他原因，中国正在大力推进其"一带一路"倡议。还有一个干预贸易的经典例子是，世界上大多数国家都对来自不同国家的商人供应的特定类别的商品征收关税。

这些分析也适用于资金和资本、突发新闻，以及信息和数据的流动。无论是在商业、媒体还是通信领域，管理发送方和接收方之间实际交换的经济机构，以及为可能发生的交换奠定条件的机构，都被赋予了巨大的影响力和权力。数字革命期间以互联网为核心的制度转型，特别是第四次工业革命期间智能手机的使用，已经完全改变了经济流动的性质，将达成交易的经济市场和运送珍贵货物的贸易路线数字化和商品化了。人们从这种转变中获得了价值，因为根据前面提到的人类行为的七个第二终极目标，人们很希望能把更多的时间分配给更高层次的目标，这在交易更快达成时可以实现。这些数字通信服务通常也更便宜——花费更少的资本的同时，也能让人们实现相同的结果。人们还认识到，信息的价值会随着存在时间的拉长而下降。因此，人们甚至愿意支付额外的费用来获取更加实时的数据。

然而，当第三方机构和组织选择干预数字信息的流动时，伦理问题就出现了。例如，一个政府可能认为它有权控制贸易流动，但同样的逻辑可以用于对信息流动的控制吗？当未经选举产生的私人企业成为第三方机构时，另一个灰色地带就出现了，他们管理着一个私有平台，用户通过这个平台成为最新信息和新闻的实际生产者和消费者。这些平台所属的企业有能力决定生产者和消费者如何相互配合找到彼此，并进行谈判和交易，他们能把进入平台市场的条款和条件，以及是否需要支付参与费用等规则强加给生产者和消费者，这些能力给这些公司带来了巨大的市场力量。

竞争平台、分化和市场的市场

在互联网出现之前，人们和企业聚集在一起进行任何一个行业的商业活动的实体市场的数量是相当有限的。交易双方在合理通勤范围内的可用适宜空间的数量明显存在上限。更准确地说，入场费和参与成本（包括旅行时间和相关费用）决定了将在市场上进行交易的人员和企业的数量。

在 20 个世纪，许多大公司，比如西田集团（Westfield Group）和布鲁克菲尔德地产集团（Brookfield Properties Retail Group），通过建造和管理实体购物中心，把许多零售商和消费者聚集在一起做生意，从中赚取了可观的利润。这些购物中心作为经济市场非常成功，从它们内部的常规人流量和销售额来看，它们往往主导着附近的其他当地市场。在某一个城市或城镇，只需要几个这样的实体市场，经过合理的选址，就能满足大多数当地买家和卖家的需求。实体购物中心是大型而昂贵的建筑物，需要大量的资金来建设和维护。对于潜在的新兴市场的企业家来说，他们需要跨越很多准入门槛。作为实体平台和经济市场，购物中心本身只有少数几个竞争对手（比如社区市场或购物中心竞争对手）来与其争夺当地买家和卖家的注意力。

快进到今天，互联网数字革命大大降低了希望创建经济市场的企业家的准入门槛，使他们能够创建在线平台和店面。此外，第四次工业革命中无处不在的智能手机大大降低了买家和卖家参与这些在线市场的成本，同时也增加了可能愿意通过移动互联网参与交易的买家和卖家的绝对数量。现在唯一的边际成本是把手机从口袋里拿出来，在浏览器中浏览相关的移动应用程序或网站，在平台上创建一个展示产品的位置，或者搜索、购买卖家列出的商品。

正如前一章所提到的，较低的准入门槛和互联网的全球性已经将经济市场从相对受保护的行业（20 世纪的本地购物中心网络）转变成为竞争超级激烈的全球电子商务和移动商务行业。一方面，众多互联网平台和市场之间的高水平竞争带来了多样的选择，买家和卖家可以制定相应的战略进行参与。另一方面，市场分化会导致效能下降，因为平台市场本身的价值与使用它的人数成正比，这与网络效应一致。许多买家和卖家最终可能会在不同的平台上运作，这在一定程度上抵消了通过互联网技术进行全球贸易的益处。买家和卖家不再主要按地域分组，而是根据他们喜欢的平台或在线市场将自己归入许多分散的群体。不过，如果不同的平台"服务于不同的组织利益"，这可能不会构成问题。

全球买家从世界另一端的全球卖家那里购买商品的能力为他们带来了更多的选择，也使他们更有可能找到产品更适合他们需求的卖家，由此创造了经济价值。全球卖家通过在线平台接触如此庞大的潜在买家市场的能力，也使许多企业经历了超快增长。另外，买家在购买前的选择越多，就越可能无法做出最优的购买决定。这些搜索摩擦[①]允许卖家在原本会竞争超级激烈的全球市场中保持差价，保持利润。像谷歌这样的互联网搜索提供商是通过减少搜索摩擦，利用买家在资源受限的情况下优化购买决策的愿望来获得市场权力的。相应地，企业也会不遗余力地争夺潜在买家的注意，希望自己更容易被注意到。企业还必须判断参与在线市场是否值得。

这部分的简短讨论围绕的是实体产品的买家和卖家，但也同样适用于信息和媒体的寻求者和传播者，比如通过朋友和自己的社交圈，以及世界各地的人获取有关当前事件最新信息的人。像脸书、照片墙和色拉布（Snapchat）这样的社交媒体平台和即时通信平台基本上是社交信息、八卦和通信的市场。用户分配给平台符合信息价值的时间和注意力来"购买"这些经济商品。由于网络效应，只要这些平台拥有潜在用户朋友的关注，就能为潜在用户提供更令人信服的

---

① 搜索摩擦在这里是指商品滞销和需求缺口现象同时并存。——译者注

价值主张。然而，信息平台市场已经饱和，而且存在典型的分化问题。当消费者面临选择，是用 Whatsapp、Signal、微信、LINE、KakaoTalk、Facebook Messenger①、电子邮件、短信，还是哪种其他的消息传递工具发送一条简单的消息时，他们很容易感到受挫，因为这些不同平台上的对话类别可能复杂而分散。稳固的社交联系是消费者更喜欢某个社交平台的主要因素。这个领域仍然存在许多挑战，尤其在是否要监管、如何监管各种数字平台，以及这些平台是否最终会"俘获"监管者的问题上。

---

① 包括微信在内，都是即时通信软件。——编者注

第三部分

人工智能：彻底的自动化和人类能力的扩展

第六章
我，机器人的未来：人工智能时代的人力工作

从技术上讲，人工智能是第四次工业革命三大"超级技术"中最老的一项技术。它从 20 世纪 50 年代起就存在了，更早的时候是以理论的形式存在。但近年来人类在计算能力、能源效率以及机器学习方面取得的进展，已使它成为一种更有效的社会经济系统技术，并使其在 21 世纪初充满活力。尽管普及周期相对较长，但在第四次工业革命中，人工智能应用的激增将对人们的日常生活带来迄今为止最为深远的影响。

在本章中，我们将应用布里斯班俱乐部模型来分析人工智能这一"超级技术"及其提供的生产技术可能带来的影响。在经济学领域，已经有大量的研究使用经济增长和基于任务分配的劳动力细分市场的标准模型，来进一步构建人工智能经济学的模型。布里斯班俱乐部模型鼓励我们采取一种不同的方法研究人工智能经济学，深入探究人工智能导致行为改变的动力机制，而标准模型往往只会用假设来回答这个问题。从本质上说，布里斯班俱乐部模型鼓励我们对有关技

术本身的各种研究提供的数据进行细致的研究，在技术和心理过程之间建立联系，以预测它可能会对行为产生的影响。因此我们将看到，作为一种技术，人工智能具有深远的意义，它在一定程度上取代了人力劳动之前所能发挥的作用，这对人类来说既是挑战，也是机遇。但我们也将看到，在人工智能时代，人力劳动是有未来的。我们所看到的未来与布莱恩约弗和麦卡菲所看到的未来没有什么不同，我们认为，需要判断力、创造力和隐性知识的生产工作是有未来的，在布里斯班俱乐部模型的框架下，我们赋予了这份未来非常具体的定义和意义。

我们将再次从考虑人工智能到底是什么以及它创造了什么人类行为能力开始。然后，我们将利用这一点来建立技术和心理过程之间的联系，以评估它可能如何推动从旧行为模式到新行为模式的改变。然后，我们将考虑人工智能和人类劳动者之间的不可替代性所带来的这种行为变化程度的一些极限。为了确定人工智能的本质，它与心理过程和行为变化之间的关系，以及这种关系的局限性，我们将大量借鉴布伦丹在别处发表的研究。我们将理解人工智能产生的微观动态，从而分析技术如何可能继续对社会经济系统造成更广泛的破坏，并预测一个围绕它所支持的中观规则进行再协调的经济是什么样的。

有思想的机器：什么是人工智能

从人工智能的名字（一个独特的提供了有用信息的名字）就可以看出它的本质。它是一种试图复制（或者用一个阅读本书的技术专家会觉得更适合的词——模拟）人类智能的技术。实际上人工智能并不是一项新技术，因为它是随着20世纪50年代计算机科学一起出现并共同发展起来的。从两篇对计算机科学和人工智能有重大影响的早期作品中我们可以看出，计算机科学从一开始就被视为构建人工智能的一项实践。

在1950年的《思想》（*Mind*）期刊中有一篇著名的论文，它的作者艾伦·图灵（Alan Turing）为了破解纳粹密码，刚刚秘密地发明了一种新的、实现巨大进步的计算装置，并且探索了他发明的装置的运作与人类思维的运作之间的关系。他在书中介绍了一个观点，即大脑就像计算机一样，可以被理解为一个处理、转换、存储信息并重复运作这个过程的系统。他提出了一个观点，即思维过程可以被比作"磁带"通过（老式）计算机的过程。数学天才约翰·冯·诺伊曼（John von Neumann）的一项贡献，探索了思维与机器关系的另一个"方向"。在《计算机与人脑》（*The Computer and the Brain*）一书中，他探索了如何根据人类思维的运作来开发计算机，从而更好地改进它们的功能。毕竟，计算机的功能是自动化和复制（或者说模拟）人类计算的过程。计算机的机械结构会显示一系列逻辑操作，将它们按顺序或并行排列，供人类大脑在转换信息以解决特定问题时使用，然后使用这些"器官"来处理信息。这样一来，计算机就会变得像人工大脑一样，自动运行原本只能由人类大脑完成的过程。人脑可以被理解为与计算机类似，计算机也可以被理解为与人脑类似。所以，计算机成了"人工智能"。

有趣的是，当希尔伯特·西蒙（Herbert Simon）和与他的长期合作学者艾伦·纽厄尔（Alan Newell）将以上这两个关于计算机科学的观点用于研究人类大脑的运作时，对认知心理学的发展也做出了开创性的贡献。他们与约翰·肖（John Shaw）一起用计算机展示了，如何通过有序的、简单的逻辑操作来创建一个转换信息的程序，从而再现那些最精妙的大脑思维过程。比如，他们用他们的程序展示了认知过程是如何推导出罗素（Russell）和怀德海（Whitehead）的《数学原理》（*Principia Mathematica*）的前两章的，或者是如何利用方程与天文数据推导得出牛顿定律的。史蒂芬·平克（Steven Pinker）指出了认知心理学家是如何逐渐认识到人脑不仅仅是像计算机一样工作，它就是一台计算机。因此，人工智能常常会参考认知心理学来设计程序——体现为计算机的机械结构，这样计算机的运作就可以模拟认知的运作过程。例如，雷·库兹韦尔（Ray Kurzweil）发展了弗里德里希·哈耶克等人的观点，他将人工智能描述为一种模式识别器，模拟大脑在越来越高的抽象层次上对环境中的物体和事件进行分类的系统。此外，阿格拉沃尔（Agrawal）、甘斯（Gans）和戈德法布（Goldfarb）发展了乔治·凯利（George Kelly）的观点，并将人工智能描述为"预测机器"，认为它是在模拟大脑根据环境中的物体和事件解释事件未来可能走向的方式。

这很重要，因为分类和预测是人类行为的基础，人类的工作也由此产生。事实上，布里斯班俱乐部的核心心理过程模型向我们揭示了这一点。通过对环境中的对象和事件进行分级分类，并对它们之间的关系形成判断，预测事件的未来进程，我们才能够理解环境，从而可以引导我们在环境中采取行动。因此，通过把产生人类思想的过程自动化，人工智能也把产生人类行为的过程自动化了。如果体现了人工智能的机械结构可以被集成到执行工作的机械结构中，我们就不仅可以用机器来自动化操作人类的行为，也可以让机器像人类在思维指导下采取行动那样自动运作。

正如我们到目前为止所讨论的，人工智能有一个"固定的"程序结构，而我们知道，人类大脑的结构可以通过创造新连接和让旧的连接消失而实现进化。为了消除大脑和机器之间的这种差异，亚瑟·塞缪尔（Arthur Samuel）指出，由于计算机会将信息转换为操作，所以计算机通过这些操作来改变"机器器官"的程序化结构是可能的。这些用于更新程序的"超级"程序被称为"机器学习"程序。这些程序可以根据机器的运作相对于某些标准带来了好的还是坏的结果来更新机器的程序结构，从而随着它的"学习"，改善机器相对于那些标准的运作表现。塞缪尔本人以一台跳棋游戏机为例，展示了机器学习算法是如何使嵌入其中的程序越来越擅长达到游戏标准，走出"好棋"的。因此，塞缪尔的创新使人工智能不仅能让人类思维的运作自动化，而且还展示了这种思维是如何根据环境的反馈而进化和发展的。事实上，塞缪尔帮助人们认识到，皮亚杰（Piaget）所写的发展过程，即心理图式在环境反馈的基础上发展和进化，是如何在机器中实现自动化和复制的。

随着 20 世纪后期计算能力和能源效率的进步，涉及人工智能算法的学术和工业研究激增。现在有许多关于人工智能和机器学习的文献的入门作品，这些作品在谈到人工智能技术的本质时归结出了一个基本共性。人工智能，尤其是拥有机器学习算法的人工智能，是一种试图模拟人类思维的技术，它可以模拟人类在思维指导下采取行动的过程。

广义地说，人工智能是第四次工业革命中许多技术的核心。当然，最明显的是，它是我们开始在世界范围内观察到的日常生产过程强有力的自动化的基础。这显然是新兴的"无人机经济"的基础，在这个经济领域中，具有一定人工智能水平的自动驾驶无人机取代了人类机器操作员。可能会让一些人感到不安的是，这种自动化正在扩展到传统上我们认为不会自动化的领域。传统认为，相对于更需要耗费体力的常规工作，致力于以常规方式转换信息的"知识性"工作是无法用人工智能完成的，但现代人工智能的绝对力量，特别是机器学习，正在挑战这种假设。当人工智能，尤其是具有机器学习能力的人工智能，与大数据相结合，作为识别趋势和关系的一种方式时，它也能发挥令人难以置信的强大功能，这些工作是人类需要大量时间才能完成的。阿格拉瓦尔、甘斯和戈德法布口中的"预测机器"就是与这一技术密切相关的，具有机器学习能力的人工智能，研发这种机器的目的是基于"经验"形成越来越准确的数据评估。这是人类在生物和医学科学领域取得多种进步的基础，它能使人工智能根据相关症状更好地做出诊断，使人工智能基于其自身的分析数据进行基因测序，帮助医生在此基础上更好地进行治疗。只要能编写一种算法，从而使将信息转化为行动的过程自动化，人工智能就是在推动第四次工业革命向前发展。

智能机器的经济学：建造一个"我们"的替代品

人工智能本身就是一项意义深远的技术。略带夸张地说，这是一种我们按照自己的形象创造出来的技术。这项技术对社会经济体系的影响也很深远。它不仅像先前的技术那样有助于扩展人类的行为能力，而且其核心特征是，只要它模拟人类在思维指导下采取行动的过程，就提供了人类行动的替代品。它不仅可以通过自动完成人类可能执行的某些任务来增进人类行动，而且还可以替代人类劳动者。

用布里斯班俱乐部模型的语言来说,（大体上）人工智能在涉及人类劳动者的生产计划和涉及人工智能机器的生产计划之间创造了一种可替代状态。该技术的出现意味着（大体上）存在一种状态，即依赖人工智能的生产计划可以替代依赖人力的生产计划，而且计划结果的优选性不会发生重大变化。因此，我们知道（大体上）存在一种激励结构，促使要在这些生产计划之间做出决定的个人选择使用人工智能计划而不是人力劳动计划。造成这种替代的最明显的因素当然是维持人工智能运作的价格走向，相对于员工工资而言，维持人工智能运作的价格可能会大幅下跌，以至于人们会改变自己的选择，从基于人力劳动的生产计划转向基于人工智能的生产计划。但人工智能的属性也是这种可替代性引起人们行为变化的一个可能原因——人工智能的处理能力总体而言大大超过人类，它缺乏人类劳动者的生物局限性，它的全部都可以进行编程，而且不会存在与产品制造者期望相反的认知过程。因此，最初，随着人工智能技术的改进和使用成本的下降，我们很可能会观察到它引发了一种行为变化，使生产从以人力劳动为主的旧模式转变成以人工智能为主的新模式。

马丁·福特（Martin Ford）和许多知名人士都认为这不仅是一种挑战，而且是一种威胁。但重要的是要认识到，替代人力劳动、使行为改变成为可能的人工智能技术也提供了影响深远的机遇。不论在任何地方，只要一组任务当下是通过昂贵的人力劳动完成，这些劳动者在其他地方也可能会获得更好的工作机会，而且劳动可以被编写成为一种程序并被输入机器中，那么人们就可以运用人工智能技术，用自动化机器来替代这些人力。当然，运用人工智能实施生产计划为开发惊人的生产力潜能提供了机会。随着人工智能能力的提高和成本的下降，未来我们可能会看到在生产中机器相对人力的主导地位越来越强，而且我们可能会看到生产能力的急剧扩张。通过利用这种生产能力进行商品和服务交易，人工智能极大地扩大了在社会经济系统中形成价值生成联系的范围。凯恩斯，当然还有马克思（Marx）和恩格斯（Engels）早就预言了一个乌托邦的未来，到那时候，人类几乎不需要劳动，我们依靠机器的产出生活所需品，摆脱了工作的束缚，投身于自己的独特兴趣。他们的预言很可能只是不成熟，而不是错误的。

然而，人工智能技术及其促成的行为改变当然带来了不可否认的挑战。从大体上看，它创造了一种人力劳动可被替代的状态，随着技术的发展，人们改变行为，从选择以人力劳动为主的生产计划转向选择以人工智能为主的计划的可能性会越来越大。显而易见的是，将被人工智能取代的人将会失去提供这种劳动所获得的收入。目前还不清楚，这些人力劳动从业者是否会被分配到报酬大致相似的岗位上，这在很大程度上是一个经验问题，只有在获得数据后才能回答。因此，随着人工智能的出现且人力劳动越来越有可能被前者替代，我们确实面临着这样的前景：行为变化体现在生产计划的变化中，人工智能将日益取代人力劳动，人力劳动从业者将不会被分配到新的工作岗位上。如今，出现了一种人工智能技术可能会替代人力劳动的趋势，而这种前景并非特别局限于某个经济领域——它很可能是一种普遍现象。因此，2015年马丁·福特在电影《我，机器人》（*I, Robot*）中看到了一个可怕的、由新兴封建富豪统治世界的反乌托邦未来，这并非没有原因。简而言之，我们确实面对着大规模失业的幽灵：社会经济体系中的许多劳动者确实面临着失去工作和收入的现实前景。

显然，布里斯班俱乐部模型用这种方式揭示了人工智能是一项影响深远的技术。作为一种可以模拟人类思考和行动过程的人类行为的替代品，它提供了难以置信的机会，但也带来了严峻的挑战。作为一种生产技术，它提供了难以置信的机会，人们可以通过使用以人工智能为主的生产计划生产商品、提供服务并进行交易，从而扩大生产力，扩大在经济系统中形成价值生成联系的范围。但从大体上看，它也给我们带来了一个挑战，即随着人工智能的生产计划在整个经济中广泛取代人力劳动，可能会出现大规模的失业。

然而，对于人工智能技术带来的这些挑战，我们假定，从大体上看，人工智能技术在人力劳动和人工智能机器之间创造了一种可替代的状态。这一状态并不一定是普遍的，也完全有可能存在例外。在这些例外存在的情况下，我们不能说人工智能已经创造了一种可替代的状态，因为在这种状态下，人们可以找到一种激励机制，使以人力劳动为主的生产计划和以人工智能为主的生产计划在预期结果方面大致上是同样可取的。因此，在存在此类例外的情况下，人力劳动相对不会受到人工智能所带来挑战的影响，反而更多的会受到人工智能所带来机会的影响。

人工智能的经济限制：机器无法替代的人力劳动

根据布伦丹在别处发表的研究，我们可以很容易地确定三种人类行为的能力，对于这三种能力，就不能说在以人力劳动为主的生产计划和以人工智能为主的生产计划之间存在可替代状态了。通过比较人力劳动和人工智能的本质，我们可以很容易地确定这三种能力。这样我们就可以很容易地确定两者之间的差异。以人力劳动为主和以人工智能为主的生产计划之间的不可替代性就源自这些差异。

人力劳动和人工智能之间的区别在于，人工智能是一个处理信息的机械系统，通过嵌入在其机械结构中的算法，将其通过高阶分层分类转化为某种功能。这个机械结构的基本代码是由人类编写的。而人是一个具有意识的系统，通过将信息进行高阶分层分类，并根据进化和发展过程中形成的生物结构中的图式，将其转化为某种功能，对信息进行处理。因此，人类与人工智能的区别就在于人有意识，其与生俱来的图式结构是由亘古以来的进化压力所塑造的，这种与生俱来的结构在几十年里与社会和物质世界的互动中得到了扩展与构建。

因此，我们不能说，我们可以用以人工智能为主的生产计划替代以人力劳动为主的生产计划，并获得可取性大致相同的结果。由于人类的意识、进化史和发展过程，替代性状态的存在有着经济上的限制。因此，那些从事需要运用人类独有能力工作的工作者，可能就能在一定程度上免受人工智能的影响。事实上，他们很有可能能够利用人工智能带来的机会。

错误与情感是发明之母

一个有意识的生物系统（比如人类），会在偶然状况下犯错，并从中获得启发，而更加纯粹的机械结构则不会。当然，众所周知，历史上许多伟大的发明都是在很偶然的情况下发现的。目前还不清楚，给人工智能机器写入发生故障的程序是否可取。但同样不清楚的是，在缺少有意识的人类干预的情况下，机器能否认识到发生故障的输出是有价值的。因此，在这种情况下，如果所获得的结果的可取性没有显著变化，那么以人工智能为主的生产计划似乎无法替代以人力劳动为主的生产计划。很难想象一个没有人力参与的生产计划能通过犯错发现有价值的新技术。

此外，有意识的生物系统拥有情感，而目前纯粹的机械系统还没有。在这方面，有两种情感的动力尤为突出，那就是恐惧和无聊。2016 年，内德孔（Nederkoon）等人展示了无聊是如此可怕，以至于人们愿意给自己施加身体疼痛来缓解它。类似地，1996 年，约瑟夫·勒杜（Joseph Le Doux）展示了恐惧是一种非常强烈的感觉，它对神经基础的影响实际上先于感觉皮层。这两种情感为开发新技术提供了强大的动力，这些新技术首先能使工人免于单调乏味，其次能使工人远离恐惧的对象。到目前为止，人工智能机器还没有这种情感，这意味着很难想象以人力劳动为主的生产计划与以人工智能为主的生产计划之间存在可替代的状态。很难想象一个没有人力劳动参与的生产计划能够在无聊或恐惧的激发下发现有价值的新技术。

因此，在这方面，我们可以确定，依赖人力的生产计划和依赖人工智能的生产计划之间存在的可替代状态是有限的。后者不太可能从错误中或在恐惧、无聊的激发下产生创造性的发明。因此，在第四次工业革命的发展进程中，在需要创造性发明来实现生产计划的地方，我们不太可能看到人工智能取代人类劳动者。实际上恰恰相反，人工智能可能会补足这个领域的人类劳动者的短板，扩展他们的生产能力，为他们提供深刻的机会。

深刻的创造力、判断力、意识和哥德尔（Gödel）的定理

1989 年，罗杰·彭罗斯（Roger Penrose）特别提出，哥德尔著名的不完全性定理表明，意识本身具有一种识别真理的能力，而逻辑却无法识别真理。人们围绕这一论点进行了一些争论，但它是一个有趣的，迄今为止似乎是站得住脚的论点。哥德尔所证明的是，在给定的逻辑系统中存在某些真实的陈述，这些陈述是无法通过这些系统内的运算来验证的。换句话说，我们可以给一台机器编程，让它以特定的方式处理信息，根据嵌入程序中的逻辑规则会存在一些真实的陈述，但它们无法被这个程序验证。

如果彭罗斯的观点成立的话，这意味着人类意识能够以某种方式进行判断，而这是（目前）机器无法做到的，即便是拥有人工智能的机器也做不到。这就对人们在需要进行判断的生产计划中（尤其是在数据冲突的"模糊"情况下）用人工智能代替人类劳动者，并获得大致相同的可取结果施加了限制。在这样的背景下，祖瓦腾、沙利文、阿格拉沃尔（Agrawal）、甘斯和戈德法布（Goldfarb）提出，人工智能将通过提供大大超过人类数据处理能力的信息输入来促进和帮助人类进行判断。我们很难想象一个生产计划只运用人工

智能来进行判断决策。

现在，我们已然确定了人类劳动者在第四次工业革命中扮演着某种角色，人类有能力产生创造性的发明。如果彭罗斯的论点成立，那么哥德尔的定理就会大大深化这个论点。按照布里斯班俱乐部模型，如果我们将大脑理解为一个网络结构，那么"进行判断"这一人类意识的独特能力，可能会被理解为是在思想与其"真正价值"之间构建联系。如果这是真的，这将表明人类意识有能力从无到有创造联系。这种联系就是亚瑟·库斯勒（Arthur Koestler）笔下的"异类联想[①]"，他证明了这是人类在艺术、科学和技术方面拥有创造力的基础。库斯勒指出，人类之所以在艺术、科学和技术方面取得了巨大进步，都是因为天才们发现了世界上物体和事件之间迄今未被发现的联系，并从无到有创造了一种联系。多普弗（Dopfer）、波茨（Potts）和佩卡（Pyka）可以说是在进一步论证，人类意识这种能力也是我们的组织创造力（辨认出将人与资产相结合以扩展我们的生产能力的新方法）

---

① 异类联想：这种想把两种现有的思想结合起来，从而形成第三种思想的愿望是一种常见的创新机制，亚瑟·库斯勒将这种"碰撞"（因为总是碰撞出来的）称为"异类联想"，也就是说，将人们司空见惯的两个常见事物组成一个前所未有的新事物。——译者注

的基础。在某种形式的技术或战略创造力的生产计划中人们需要在人类劳动者和人工智能之间进行选择，并获得大致相同的可取结果。我们很难想象，一个需要某种形式的技术或战略创造力的生产计划只依靠人工智能就可以实施。

因此，我们可以确定，对于依赖人力的生产计划和依赖人工智能的生产计划之间的可替代状态，存在进一步的限制。从目前的技术水平来看，人工智能不太可能进行技术或战略方面的判断，或表现出我们口中的"深层"创造力。因此，就这些特点而言，实施特定的生产计划需要在技术或战略方面运用判断力或"深层"创造力。因此，随着第四次工业革命的推进，我们不太可能看到人工智能取代人类劳动者。事实上，恰恰相反，人工智能可能会补足这些人类劳动者的短板，扩展他们的生产能力，为他们提供更多的机会。

默会知识、发展与演化

一个相当实际的问题揭示了人类劳动者和人工智能之间的差异为依赖人力的生产计划和依赖人工智能的生产计划之间存在的可替代状态所带来的最后一个主要的理论挑战，那就是人类作为一个拥有进化和发展历史的生物系统的本质是什么。我们知道，人类的大脑具有某些先天结构，这些结构是经过数亿年的进化形成的。它们错综复杂，并不为我们所熟知，因为它们深深地嵌入在我们的无意识中，并与发展形成的结构纠缠在一起。我们也知道，当人类心智日渐成熟，通过游戏和实验在人们面前呈现出新的联系，并被纳入分级分类的心理图式时，人脑的结构也会发展。这两种过程都在大脑中塑造了图式，使人类适应环境，在世界上可能存在的极其复杂和个性化的环境中以（有时是，并不总是）适当的方式行事。由此发展而来的大部分心理图式是以这样一种方式存在于大脑中：即便它们存在于意识层面，也很难在任何现有的语言系统中被表达出来，这就是迈克尔·波兰尼（Michael Polanyi）口中的著名的"默会维度"。有时我们会基于环境中的某些"线索"对特定的情况产生"感觉"，我们知道这些线索暗示着什么，但我们发现很难解释为什么会出现这种暗示，每当这种情况发生时，我们就会意识到这种默会知识的存在。

这对依赖人工智能的生产计划和依赖人力的生产计划之间存在的可替代状态提出了挑战，这种挑战既是根本的，也是对可行性提出的挑战。在基本的工程问题方面，很难想象一种人工智能能够复制人类思维的复杂性和微妙特点，因为其中很多的复杂性和微妙性来自我们难以表达的知识。因此，计算机工程师要设计出一种能够最大限度地模拟人类大脑固有"基础"代码的东西是非常困难的。出于同一个原因，计算机工程师要设计出一种模拟人类大脑发展结构的东西也是非常困难的。现在，从大体上看，机器学习能够模拟（大脑）发展过程并潜在地模拟结构进化的过程来弥补这一点，但我们遇到了一个经济可行性的问题。即使我们能够开发出一种机械结构能够很好地模拟进化过程，人类的思想也至少需要 20 年的时间才能在结构上达到成熟，变得足够复杂和精妙，以引导人类正确地适应物质和社会环境。人工智能的机械属性可能会在一定程度上加快这一进程，因为人工智能不需要睡眠，相对于人类大脑它拥有非凡的处理速度，并且可以将任务分配到由相互连接的机器组成的网络中。然而，我们仍然可以很容易想象到，这点需要好些年才能实现，而且在短时间内不太可能成为在经济上可行的人力劳动的替代选择。

　　因此，我们可以确定，在需要拥有关于社会和物质世界的足够微妙和复杂的知识（在任何语言系统中都难以表达）的人类活动领域，依赖人力的生产计划和依赖人工智能的生产计划之间存在的可替代状态是有限的。对于这种需要关于如何在社会或物质世界中找到方向的复杂而微妙的默会知识的生产计划，我们不太可能看到人工智能取代人类劳动者并获得相同的结果。在人类劳动者的大脑里，经过数亿年进化而来的内心心理图式和经过几十年发展而来的发展心理图式纠缠在一起，很难想象（目前）人工智能能够以符合成本效益的方式来进行模拟。因此，在第四次工业革命的发展进程中，我们不太可能看到人工智能完全取代人类劳动者。事实上，我们很可能会看到人工智能对这些人类劳动者起到补足的作用，并扩展他们的生产能力，为他们提供广泛的机会。

部分是乌托邦，部分是富豪统治

通过将技术的本质与心理过程联系起来，我们现在已经在社会经济系统的微观尺度上确定了人工智能带来的动力。我们发现，人工智能大体上在依赖人力劳动的生产计划和依赖人工智能的生产计划之间创造了一种可替代的状态。我们已经确定，这在大体上意味着，随着技术的进步、行为的改变，我们将在潜在的大规模失业方面面临一些重大挑战。然而，我们也发现，这一情况并不普遍，人工智能技术提供了一些重要的机会，可以将生产能力的范围扩大到近乎乌托邦的程度。很多领域的生产运作需要在技术和战略发展方面运用判断力和深层的创造力，以及关于如何在社会和物质世界中找到方向的微妙而复杂的默会知识，所以到目前为止，我们还很难想象人工智能会在这些领域取代人类劳动者。在这些领域，人工智能很可能会补足从事此类生产计划的人类劳动者，为他们提供深远的机会，扩展他们的能力。从人工智能带来的行为变化的微观视角，我们可以提升我们的分析，预测人工智能可能对整个社会经济系统产生的影响。未来的人工智能生产系统（如图 6.1 所示）将从根本上扩展任何数量人类劳动者的生产能力，并能通过进行判断、培养创造力和运用默会知识节省劳动力。

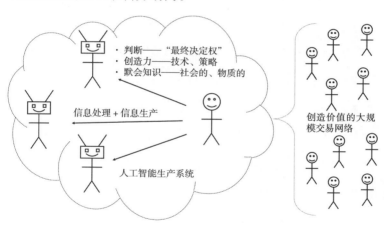

图6.1　人工智能生产系统

人工智能使一种新的生产计划形式成为可能：随着人工智能在其中发挥关键作用，人工智能支持的中观规则开始出现，并且人类劳动者和雇主之间的现有关系转变为人工智能软件和硬件供应商之间的关系，我们可以预计，这将对人类社会产生重大的颠覆性影响。我们不能忽视这样一种可能性，即随着人工智能在能够创造可替代状态并能提供超越人类劳动者的成本－效益组合的领域取代人类劳动者，我们将看到大规模失业的出现。当这些中观规则不断传播，并且开始控制越来越多经济部门的生产计划，我们将观察到，采纳了人工智能支持的中观规则的中观人口所属社会经济系统将进行再协调。最终，我们将观察到这些中观人口完全被融合进社会经济系统的关联结构中。

那些不受人工智能替代人类劳动者影响，并准备抓住人工智能在生产能力方面带来的机遇的个人和群体，将变得更加成功，也将抓住这种经济再协调带来的机遇。这些个人和群体并不是那些人工智能技术可以替代的群体——他们的活动无法通过编写算法来完成，即使是机器学习算法也不行。那些将融入社会经济系统关联结构的个人和群体，是那些能够为生产计划提供劳动力的人，而这些生产计划需要劳动者在技术和战略发展方面运用判断力、发挥深层创造力，以及运用如何在社会和物质世界中找到方向的微妙而复杂的默会知识。对于这些个人和群体来说，在经过再协调的新经济系统中，人工智能对其工作进行的补足将极大地扩展他们在关联结构内的生产力。

在人工智能支持的新中观规则传播过程中可能出现的新的再协调经济是一种奇怪的经济。它在一定程度上是一种乌托邦，也有可能是一种反乌托邦。这是一个生产系统，在这个系统中，相对较少的人能够以迄今无法想象的规模操作生产系统，因为人工智能技术扩大了生产系统的能力。这是一个具有一定程度乌托邦性质的世界，会让人想起凯恩斯对乌托邦世界的想象，即我们已经解决了匮乏问题。但相对于它的规模，这个生产系统对人类操作的要求相对较少。我们并不能立即看出，这样一种经济制度所需的劳动力是否与人口规模相称，因此也无法立即看出，是否大多数人将能够在需要人类劳动者的生产计划中获得有报酬的工作。因此，虽然围绕中观人口进行再协调，运用人工智能支持的中观规则的经济体系是诱人的乌托邦，但它也暗示着，少数人可能会成为富豪（正如马丁·福特预言的那样），因为他们的劳动对规模和价值巨大的生产计划来说是必要的，而余下许多人的劳动是不必要的，因为人工智能可以替代他们。

小结：人工智能时代的人类工作既面对挑战，也有深刻的机遇

在本章中，我们应用了布里斯班俱乐部模型分析了第四次工业革命中最早出现，但现在才真正开始在社会经济体系中崭露头角的人工智能"超级技术"带来的影响。我们看

到，人工智能技术在创造价值的交易关联结构的规模方面提供了影响深远的机会，可能通过扩展人类能力的范围来实现。但我们也看到，它带来了一个（已被证实的）挑战，因为它的出现和再协调破坏了社会经济体系，从而可能引发大规模的失业。

我们看到，人工智能是一种模拟人类思想和在人类思想指引下采取的人类行动过程的技术。因此，它促成了物理运动任务，以及可以被简化为算法的信息处理任务，甚至是（随着机器学习的出现）需要根据结果和目标之间的差距不断更新的任务的大规模自动化。人工智能是"无人机经济"背后的技术，它使我们能够利用大数据做出单靠人类计算无法完成的预测，而且正在通过提供新的自动化数据处理和诊断系统，改变着生物医学科学和实践。

通过大规模地把处理和工作能力超越人类的机器任务自动化，人工智能为扩大生产范围，以及可能在社会经济系统中形成的创造价值的交易关联范围，提供了影响深远的机会。人工智能带来了挑战，因为它在依赖人力的生产计划和依赖人工智能的生产计划之间创造了一种大体上的可替代状态，而且这可能会导致后者越来越多地替代前者，同时被替代的人类劳动者能否在其他地方重新就业还不清楚。但是，当执行在技术和战略发展中需要运用判断力、深层创造力，以及如何在社会和物质世界中找到方向的微妙而复杂的默会知识的生产计划时，人类劳动和人工智能的可替代状态是有限的，所以这些挑战得到了缓解。在这样的生产计划中，人工智能将补足而不是取代人类劳动者。这些结论与布莱恩约弗森和麦卡菲提出的结论是一致的，但我们运用布里斯班俱乐部模型，非常具体地定义了社会经济体系下的这些概念。

从社会经济体系的宏观尺度来看，人工智能支持的新中观规则的出现，将导致人类劳动者与就业之间的现有关联结构被颠覆。但随着这些中观规则的传播，应用这些规则的中观人口将越来越多地被再整合到一个再协调的社会经济体系中。这将为能够为需要进行判断、运用创造力和默会知识的生产计划提供劳动力的劳动者提供机遇，因为他们将能够抓住机会，融入能够创造巨大交易价值的生产计划。人们在第四次工业革命中的生活将在某种程度上变得更加艰难，因为在人工智能时代，可能不被需要的许多人与被需要的少数人之间，漂浮着一个富豪阶层的幽灵。

第七章
幽灵与机器：我，机器人的未来的案例研究

近年来，人工智能软件、系统和机器人的兴起已经开始使许多工业生产流程发生了彻底的改变，这代表了第四次工业革命的三个核心技术基石中的第二个对经济的影响。从技术角度来看，机器学习的改进和预测算法的发展，使人们可以在意外事件发生之前预测到它们；价格适中、质量轻、拥有足够电力的计算机硬件商业化，并用于新的微型机器人应用；感知系统的改进发展，可以与复杂的操作环境进行交互。这几方面共同促成了这一变革的发生。

在工业生产过程中使用机器人并不是特别新的事情，也不是第四次工业革命独有的。预编程的机器人已经在商业上使用了几十年。第四次工业革命不仅仅是关于自动化的。正如2017年帕克所说，第四次工业革命将目标从自动化转向了智能化，智能编程软件和机器人能够在常规操作过程中收集新数据，与网络上的其他认可设备共享数据，分析数据，并使用结论来更新他们的行动方案。第四次工业革命把"愚蠢的"自动驾驶机器变成了"智能的"机器。这对无人驾驶汽

车、卡车和新一代的工业机器人等技术的开发而言至关重要。

人工智能和现今的机器人技术被视为经济增长和繁荣的引擎，就尚未实现的破坏工业化进程的潜力而言，人工智能可能是本书中讨论第四次工业革命中三个技术基石中最强大的那一个。本章将通过几个审慎选择的应用示例来重点说明前一章的要点，同时也对一些影响经济持续健康发展的相关经济影响和制度转变进行概述。本章还将探讨我们要如何运用人工智能技术及其应用来创造经济价值和推动社会向更高层次的目标前进。

先进的机器人技术可以与云连接，并使用远程硬件处理人类无法处理的大量数据。令人难以置信的算法或硬件发展使人工智能或先进的机器人技术成为可能，但在这里，我们感兴趣的不是这些算法或硬件发展的技术细节。这部分可以参考其他已经对此进行过详细讨论的书籍。在本章中，我们关注的纯粹是终端用户的效用收益，以及人工智能技术对整个经济和社会产生的综合效应。

自动化、资本和劳动力

人工智能和先进机器人技术带来的第一个、也是最明显的经济价值来源是，将复杂的或耗费脑力的重复性人类任务和决策过程部分外包出去。根据行业的性质和人工智能系统的效率，这些决定可能对核心业务至关重要，也可能无关紧要。这可能包括关于任何目标、优化复杂问题或游戏场景的合理解决方案。创造经济价值的第二个来源的基础是人工智能系统使供应链中的整个生产过程自动化的能力。这与前三次工业革命中突出体现的以更好的机械和技术应用取代枯燥、重复的人力工作的既定趋势是一致的。机器人流程自动化（RPA，Robotic Process Automation）已经有了实质性的发展，软件可以更容易执行更复杂的结构化数字任务。

尽管自动化的趋势非常有助于经济增长和生产率的提高，但在经济中，尤其在生产要素方面也存在潜在的分配效应方面的挑战。例如，随着日常工作变得可以轻松实现自动化，最终我们将看到经济中分配给这些特定工作角色或职业的劳动力需求下降。许多企业将更愿意投资自动化系统，以提高员工的工作效率。因此，收入将被再分配到自动化程度较低的其他人力劳动岗位上。此外，整个经济中的收入将从劳动力流向资本，进行再分配，这会导致劳动收入占比下降。资本投入的回报正变得相对大于劳动力投入的回报。这是造成发达经济体贫富差距日益扩大的几个因素之一。近来，财富分配的不平等一直沿着资本和劳动力的方向延伸。由于人力劳动的自动化，那些掌握资本的人就能够从自己的

经营中获得更多的价值。因此，那些从劳动中获得收入的人
（在许多情况下，他们的人均收入仍在上升）会相对而言落
后于资本所有者。

　　劳动经济学中有大量关于劳动与人工智能，以及劳动
与信息和通信技术之间关系的学术文献。正如前一章所提到
的，因此劳动有两种类别。第一类涉及以下重要的流程，也
被称为预先指定的决策树。这种类型的工作相对来说更容易
自动化，因为它需要运用编程和"可学习的"技能。第二种
劳动需要运用更多的明智判断、创造力、人际交往技能或默
会知识，由于需要运用人类的同理心、创造力和对现实更广
泛的理解，这类劳动恰好更难实现自动化。

　　尽管许多灾难预言者可能会提出相反的观点，但几个世
纪的经济史表明，曾经由人类执行的任务自动化之后，给渴
望工作的人留下的有意义的工作岗位也不太可能不够充足。
大多数工作都需要深度的人类感知和联系，或许可以说是
人性，这种能力是无生命的机器——即使是功能非常强大的
机器——也永远无法复制的。最重要的改变不在于工作的数
量，而在于工作的分布和性质。自动化解放了人类劳动者，
让他们能够去解决更复杂的问题，着手去做新的雄心勃勃的
项目，并在智能机器和系统的支持和辅助下，创造更多的价
值。在经济学文献中，证明资本技能互补这一观点的关键论

文之一出自刘易斯（Lewis），他在几十年的美国制造业工厂数据中发现了强有力的证据，证明了相比低技能的工人，生产过程中的自动化更能补足中等技能工人的工作能力。

图 7.1 是一张关于这种劳动力市场再分配的概念图。总体趋势是，灵活性有限、定义明确、任务范围狭窄的工作更容易实现自动化。帕克认为，这种工作不一定是低技能性的，因为这些工作可能需要很高的技能，可能需要付出很大的努力或接受很多教育才能获得，例如翻译服务方面的工作。对以人为中心的基本服务工作的需求总体稳定，这些工作不需要基于经验做出非常明智的判断，例如酒店里的各种服务员。后一类工作很难实现自动化，因为它们具有灵活性，而且需要依靠基本的人性，才能向客户提供高质量的价值主张，这是智能机器几乎不可能模仿的。然而，这些工作通常工资较低，因为只需要运用真正的人类同理心和一些基本技能就能有效地完成这些工作。因此，替代人选是相当多的。要想从事需求普遍增加的高薪工作，人们需要掌握与相关问题和更广泛目标有关的深入的背景知识，以及拥有足够高的创造力和灵活性，从而在智能机器系统的支持和辅助下，适应新环境和创造新的价值。通常只有少数人有必需的经验和能力来满足业务的特定需求，而且他们创造的价值通常是巨大的，这证明他们的工资更高是合理的。

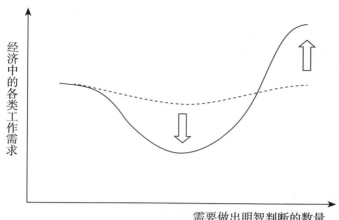

经
济
中
的
各
类
工
作
需
求

需要做出明智判断的数量

| 以人为中心
的工作
基本技能与
服务技能 | 以常规流程为中心的工作
定义明确的技能与任务范
围狭窄的技能 | 解决问题的工作
具有创造力的技
能和知识更广泛
的技能 |

图 7.1 第四次工业革命期间工作分布的变化

注：这是一张概括性的概念图，实际数据将因国家和行业而异。

随着劳动者逐渐离开以常规流程为中心的工作，大多数人倾向于在图 7.1 所示的另外两类工作中寻找自己的新岗位。由于这两类劳动者的平均工资往往存在显著差异，所以有人认为这就是自动化往往会加剧工资不平等的原因。因此，劳动者获取高薪工作的能力取决于他们掌握必需技能的能力。所以并不奇怪，世界经济论坛在其《2016 年就业前景报告》（*2016 Future of Jobs Report*）中提出，2020 年最容易实现就业的十大特质将包括解决复杂问题、批判性思维、创造力、人事管理能力、与他人协调的能力、情商、良好的判断力和决策能力、服务导向、谈判技巧和认知灵活性。

需要强调的是，人工智能有能力将那些可预测的和常规的事情自动化，那些必然被归类为"低技能"的事情则不一定。因此，经常被引用的提高自身技能的方法是教育，所以经常有人提出，应对自动化挑战的解决方案是在教育方面进行更多的投资。这是一个误导性的结论，没有证据支持这个观点。例如，许多律师执行的常规任务目前正被人工智能软件工具取代，包括准备简单的法律文件，从涉及产权纠纷的所有权证书中提取数据，以及在法律披露过程中使用预测编码软件。

鉴于此，2018年阿杰姆奥卢（Acemoglu）和雷斯特雷波开发了一个经济模型，在这个模型中，资本可以就复杂的任务与高技能劳动力竞争，由此可以解释传统的"高技能"工作也受到自动化破坏性力量的威胁。与阿杰姆奥卢和奥托（Autor）等人的早期研究不同的是，阿杰姆奥卢和雷斯特雷波的新模型识别了自动化的两种不同影响，也就是替代效应和生产率效应。两位作者说："替代效应夺走了直接受影响的因素对应的任务，损害了该因素的劳动力市场命运，而生产率效应往往会提高所有因素对应任务的工资"。

　　自动化带来的资本和劳动力经济转变的另一个重要方面是创业精神的兴起。随着劳动者原来的工作被取代，资本回报上升，许多人已经在考虑的第三种选择就很自然地出现了。这包括使自己成为某些知识产权和利基资本项目的所有者，然后与其他企业签订许可或服务协议，为自己创造收入。这些个人也将越来越多地从零工经济中获得收入，例如利用优步、来福车等平台开网约车，或通过互联网提供自由职业服务。有强有力的证据表明，这些自由职业者的数量正在上升。

　　尽管学者没有经常讨论这一点，但自动化也对政府收入产生了影响，至少在大多数发达经济体中是如此，因为这些经济体的税收收入有很大一部分来自劳动者。如果一家企业用人工智能系统和机器人取代部分员工，政府就会蒙受损失，因为机器人"劳动者"通常不纳税。在大多数国家，资本投资的税率低于劳动所得税税率。因此，税收政策可以成为政府试图影响经济自动化速度的有效政策工具。有一项建议试图纠正目前税收中性①的缺失，那就是引入"自动

① 税收中性：税收中性是针对税收的超额负担提出的一个概念，一般包含两种含义：一是国家征税使社会所付出的代价以税款为限，尽可能不给纳税人或社会带来其他的额外损失或负担；二是国家征税应避免对市场经济的正常运行进行干扰，特别是不能使税收超越市场机制，进而成为资源配置的决定因素。——译者注

化税"。

预测与应变计划

人工智能和高级机器人技术的一个自然应用是处理大量的信息和数据，以获得有用的预测结果并为未来的突发事件做好准备。在许多工业场景下，可获得的有关数据数量会非常多，任务也会非常紧迫，这会使人类劳动者无法在充分的时间范围内进行有用的全面分析。除了分析未来的意外事件，预测也可以应用于当下场景。例如，在质量管理、癌症检测、身份验证、反信用卡欺诈和洗钱检测等方面，我们可以运用人工智能预测判断某种情况是否与事实相符。这可以用来克服人类的偏见，心理学和行为经济学文献已经对此进行了充分的研究。人工智能还在销售和市场营销中找到了自然的应用，比如，算法可以被用于识别很有可能取消订阅的客户。

人工智能机器已经在很大程度上被用于预测博弈中的最佳对策和最优策略，比如国际象棋和围棋，人工智能已经对这些游戏研究了几十年。人工智能机器在过去十年中快速发展的一个重要原因是计算能力和深度学习方法取得了进步。例如，AlphaZero 引擎是由 Alphabet 旗下的 DeepMind 公司开发的，2018 年它击败了世界上最优秀的人类和计算机国际象棋选手，令人印象深刻。该引擎依赖于由谷歌管理的张量处理单元 ① 上运行的并行神经网络。国际象棋引擎 Stockfish 在预测最佳走法前往往会检查数千万个潜在的棋局局势，而 AlphaZero 在同一时间内往往只会检查数万个，但其平均表现仍然优于其他的国际象棋引擎，说明深度学习在各种更广泛的复杂场景中拥有更有效地辅助决策的潜力。

具备了这种能力，我们就有充分的理由怀疑，在不久的将来，人工智能引擎可能会在向公司董事会会议和战略规划提供信息方面发挥更重要的作用，帮助成员更清楚地了解复杂多变的市场，并采取行动强化企业竞争力。

人机预测的比较优势

人类的预测往往是带有偏见的，可能是由于无法收集足够的相关信息来做出明智的判断，也可能由于人拥有一些对现实的先入为主的观念，甚至可能是由于对统计规则存在误

---

① 张量处理单元：是一款为机器学习而定制的芯片，经过了专门深度机器学习方面的训练，它有更高效能（每瓦计算能力）。——译者注

解。而智能机器的预测通常是最优的，因为它们掌握的信息是准确的。

阿格拉沃尔、甘斯和戈德法布指出了人类和人工智能机器在从复杂数据中形成有用的观点和预测结果时所具有的比较优势。他们说："人类和机器都有缺点。如果不知道它们是什么，我们就无法评估机器和人类应该如何合作来进行预测。"本章将继续探讨四种可能性，由此人们可以理解在存在可用且可靠的数据的前提下，人工智能工具能为人类带来的价值（如图 7.2 所示）。

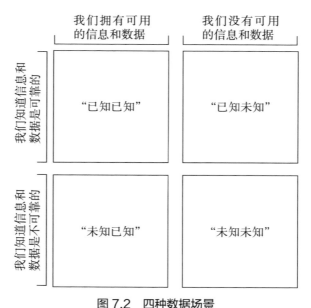

图 7.2　四种数据场景

注：理解在什么情况下人工智能预测工具将是有价值的或无用的。

　　理想的场景包括"已知已知"，在这种情况下数据是可用的，并且已知是可靠的。在这种情况下，机器预测引擎表现最佳。随着更多的高质量数据被输入，它们的预测能力也会提高。在处理复杂问题时，机器的表现往往比人类更好，具有优势。第二种场景涉及"已知未知"，在这种情况下数据是可靠的，但几乎没有可用的数据。在这种情形下，往往是发生了极端罕见的事件，比如自然灾害和特殊事件；在数据已知并已经过大量分析，但相对缺乏类似事件的情况下，机器预测工具很难在缺少额外框架或理论支持的情况下，直接根据数据提供有用的结果。在这些情况下，人类的直觉和判断往往比机器更能预测出正确的结果。

　　在"未知未知"的情况下，数据是可用的，但已知的信息是不可靠的，此时人类和机器都会遇到困难。当出现一种全新的事件种类时，这种情况可能会发生，这种事件种类只与一些拥有数据的以往情况存在一些相似之处。当一些完全意想不到的事情发生时，也可能遇到这种情况，而任何可信的机器学习预测都无法预见到这种情况，因为不存在预测到这种情况发生的数据基础。第四种数据场景是"未知已知"，幸运的是，人类已经知道数据中存在的问题，但人工智能机器无法确定。在这种情况下，机器提供的结果几乎可以肯定是有偏差的。然而，如果人们能够理解这种偏差的确切本质，那么就有希望采取行动来干预并试图纠正这种偏差。如果人类没有考虑到信息的可靠性而毫不怀疑地根据人工智能的预测结果行事，那么危险就会发生。

供应链优化

最近，几家大公司通过在供应链中部署人工智能系统和先进的机器人技术，实现了物流效率的巨大提升。让我们以服装和服装行业为例。制造商经常纠结于在哪个地方建立他们的制造工厂最适合。在过去的几十年里，新兴经济体的服装制造业持续增长，这使得优化供应链成为企业主需要迎接的一个关键挑战。许多环境因素会影响决策，包括国家风险因素、本地社区的选择、交通和关键设施的可用性以及政治稳定性。不出所料，许多企业试图根据他们对所有可选项的主观评估来选择最佳地工厂地点，但都做出了次优决策。各种规则和基于图表的形式方法为人工做出决策的过程提供了一些指导。不过，在过去的几十年里，人工智能方法得到了发展，而且在辅助决策方面表现得更好。有证据表明，在确定最佳工厂选址问题时，监管下的人工神经网络被视为一种可行的替代规则。

有效的生产调度对于制造商来说是一个长期挑战。对于涉及单个车间位置或可能有流水作业线问题的简单案例来说，比如作业车间调度、流水车间调度、机器调度和装配线调度，存在各种技术和模型。削减订单计划，通常被称为COP（cut order planning），是服装制造商的另一个重要策略，因为这能使他们在一套适用于生产投入性质的标准下得以节约成本。COP 通常也是服装生产中面料裁剪团队工作流程中的第一项活动。根据服装公司的情况，最佳 COP 是由人类判断结合工业软件预估得出的。然而，近年来已经发展出了很有前景的算法，这些算法能够很好地用于人工智能解决方案。其中的许多新方法通常采用遗传算法的形式，可以用计算机执行，使订单满意度最大化，所需时间最小化，进而优化调度过程。

第四部分

区块链：力量与权力的去中心化

以及治理体系的设计

第八章
创业精神——规则：区块链时代的制度

区块链是第四次工业革命中"年轻的"一项"超级技术"，在互联网提供的基础设施上运行。它是由一个化名为中本聪（Satoshi Nakamoto）的人戏剧性地在 2009 年的一份白皮书中发明，目的是解决防止"硬币"（coin）在加密货币持有和支付账本中重复使用的问题。但或许是无意地，中本聪发现了不止一种保存加密货币账本的方法。区块链的发现被认为是一种新制度技术的发现。它提供了一种新技术，任何拥有笔记本电脑的人都可以用这种技术开发交互平台，而且嵌入在其基础架构中的协议可以形成制度治理。

在本章中，我们将运用布里斯班俱乐部模型来分析区块链这一"超级技术"可能带来的影响，以及它提供的制度发现的可能性。我们将利用新兴的"制度加密经济学"文献来确定我们所说的"区块链是一种制度技术"的含义。在这个过程中，我们将看到区块链是一项极其令人兴奋的技术，它通过允许个人开发分散的制度治理方案，解决他们面临的各种问题，为伯格、辛克莱·戴维森和贾森波茨所说的"制度发现"提供了深刻的机会。我们还将继续布伦丹在别处发表的研究，以确定演化过程是如何采用这样的制度体系的，以及在演化过程中影响选择压力的因素。而且我们将看到，拥有制度治理功能的区块链平台开发者在协调潜在使用者的期望方面面临着重大挑战。尽管存在这些挑战，我们也将看到区块链为各种社会经济问题的社群解决方案的出现提供了新的可能性。

首先，我们将利用新兴的制度加密经济学文献来思考区块链技术的性质及其创造人类行为的能力。这里我们将确立区块链形成的，相对于旧模式来说是可行的新的行为模式的能力。其次，我们将借鉴和发展布伦丹在别处发表的研究，以确立这些能力、理解这些新的行为模式可能如何实现的心理过程，以及对各种拥有制度治理功能的区块链平台施加选择压力三者之间的关系。最后，我们将把区块链促成的微观动态理解为一种制度技术，并把区块链放在宏观分析的背景下，分析它将在更广泛的社会经济体系中造成的破坏，并预测一个围绕区块链中观规则进行了再协调的社会经济体系的可能形式。

事实分类账本：区块链作为平台私有化制度治理的基础

区块链不仅仅通过为企业提供保存数据分类账本的新技术来提高生产力。虽然区块链是在互联网平台上运作的，但它也不仅仅是一种促进交易的平台技术。相反，制度加密经济学文献表明，区块链展现了互联网平台技术演化的下一步，区块链作为一种制度技术，为这些平台形成私有化治理提供了条件。如果你想的话，它可以是一种允许我们建立治理结构的技术，帮助我们确定在特定的互动系统中哪些行为是适当和必要的，就像市场、公司、政府、俱乐部和大众在之前所做的那样。

对读者来说，区块链这种制度技术可能不是显而易见的，因此我们将简要地说明制度加密经济学文献的论点。区块链是一种分布式账本技术，它利用分散的共识算法来保存社会经济事实的记录。分类账是"分布式"的，因为互联网网络中的每个节点都保存着分类账的副本，而且它是"去中心化"的，因为它只有在整个网络就下一个事实"块"达成共识后才会更新，这些事实"块"将被纳入构成分类账的"链"中。多种达成共识的算法已被提出，并仍在开发中，其共同目标是在社会经济事实的账本上分散共识，这反映了加密无政府主义者运动的技术起源。例如，2009年中本聪提出的著名的"工作量证明"算法要求网络中的每个节点都要验证单个节点所做的工作，从而编译出"真实"的区块，并将其添加到经济事实账本中，而扩展的计算能力会证实这个过程。下一代算法，比如"权益证明"，试图通过让拥有加密资产的节点选择一个特定节点来编译它，来减轻验证将被添加到分类账中的"真实"区块的能量强度。

因此，这项技术创建了关于"平台内哪些交互合法、有效"的规则，这些规则将由支持该平台的整个网络进行验证。在经济学中，我们把这些规则称之为制度，它们建立了正确、适当的，可以被验证和合法化的社会交互模式。一旦经过验证并被合法化，交互就可以在由此建立的制度治理体系内被强制执行。因此，就像市场、公司、政府、俱乐部和大众一样，区块链是一种制度技术，由此治理系统可以形成，以确定在任何给定的情况下，什么行为是适当的或必要的。它确立了可以在互联网的给定平台上进行的合法、有效的交互领域。

作为一种制度技术，区块链的不同之处在于它的混合性质。它使公司和市场之间的一种中间形式的制度治理体系成为可能。从嵌入区块链基础设施的协议中产生的制度治理系统在很大程度上受到设计的制约，他们通常与公司、政府和俱乐部共享这些设计。然而，从嵌入区块链基础设施的协议中产生的制度治理系统通常是自愿参与的，与市场、大众共享的交互治理系统。因此，区块链支持的特定制度系统可能会相对较快地出现，像是企业和政府，但它们会促进大规模市场上的自愿交换和交互协调。

这意味着区块链大大加快了伯格、戴维森和波茨所称的"制度发现"过程。就像其他技术所支持的任何其他制度一样，制度系统和制度技术要经历一个发现过程，在这个过程中，创业实验会形成各种各样的系统，这些系统会在技术的潜在能力方面迭代变化。传统上，我们只看到过在几十年甚至几个世纪内涉及制度技术的大规模实验，在这个过程中，公司从组织的本地化实验中慢慢出现，政府从战争和宪法公约中出现，大众从社群内的反复互动中出现。有了区块链，利用制度技术在市场平台上进行发展制度治理体系的大规模实验会在几十年甚至几个月的时间范围内发生。任何一个能够使用笔记本电脑的人都可以为一个自愿参与的社会经济互动新平台设计一个制度治理系统，然后将其发布到互联网上，邀请其他人参与其开发。

因此，区块链以前所未有的规模扩大了人类在各种不同的制度系统中进行交互的能力。传统上，个人在特定市场、公司、政府、大众和俱乐部制度系统内的交互相对受限；而现在，在区块链技术的支持下，个人在各种不同制度系统内的交互能力变得更强。区块链扩展了制度治理系统的可能性范围，人们可以在制度治理系统中决定如何处理自己的事务。通过提供一系列新交互平台，从嵌入区块链基础设施的协议中所产生的制度系统进行管理，特伦特·麦克唐纳（Trent MacDonald）口中的从制度治理的整个系统（特别以政府为例）中"加密脱离"变得更加可能。它使赫希曼（Hirschman）所说的"退出"不仅在特定的交互层面，而且在这些交互发生的制度系统层面更有可能发生，不仅通过加密脱离，还通过"分岔"实现，即一个特定的区块链网络子集决定对整个网络实施一种新的、不同的制度治理系统。

我们已经观察到这种大规模的实验，它们在社会经济生活的各个领域挑战了现有的制度系统，比如货币体系、契约体系、投票和身份的确立。当然，在基于区块链的制度治理系统层面做的第一个实验是在加密货币领域进行的，中本聪著名的比特币协议使一个具有稳定货币供应的去中心化的点对点货币系统成为可能。当然，随后出现了一系列针对加密货币的区块链协议变体的实验，这些实验推动并仍在推动货币系统中的制度发现过程。加密货币得到发展后不久，尼克·萨博（Nick Szabo）关于按照算法执行的"智能合约"的愿景在以太坊协议中实现，该协议利用区块链基础设施开发了一个"智能账本"，其中包含按照此类算法执行的智能合约。随后又出现了一系列关于智能合约的区块链协议变体的实验，比如 EOS 网络，它推动并仍在推动合约治理中的制度发现过程。随着 Horizon State[①] 等平台的出现，艾伦、伯格和莱恩（Lane）对区块链支持新的投票制度系统的可能性的探索已经实现。目前，区块链支持甚至确立身份的新制度系统（传统上这是一个基于政府的单一制度系统）的可能性正在探索中。只要社会经济生活的某个特定方面存在治理，基于区块链的制度系统就会开始试验，通过去中心化和分布式的方式提供实现治理的可能性。

在这里我们可以看到区块链以一种迄今无法想象的方式，将创业行动的能力扩展到了社会经济交互平台的治理制度系统的设计中。它将区块链作为基础设施，在社会经济事实的分布式账本上实现去中心化共识，为人们提供了重要的机会来发现新系统，以在社会经济系统中建立正确和适当的交互模式。这种系统完全有可能私有化，并产生完全不处于政府权力范围内的持续发展社群。因此，它创造了新的机会，使人们可以采取创业行动去设计新的制度系统，社群也可以发展新的去中心化的制度系统，以治理社会经济交互，

---

① 一个澳大利亚区块链投票平台。——译者注

解决任何需要制度治理的社会经济生活领域的问题。

　　然而，尽管区块链为社群层面的新制度治理系统的出现提供了如此重要的机会，以解决需要治理的问题，但这种机会不一定能被创造。创业行动可以设计一个基于区块链的平台，由嵌入其基础设施中的协议所产生的制度系统治理，但采纳该平台作为制度系统中的交互平台后的持续发展并不能得到保证。为了实现这一点，个人需要采用这种基于区块链的交互平台以及它们所体现的制度系统。

采用制度治理的私有化平台：规则体系之间的替换

　　对于个人而言，决定采用基于区块链的交互平台和它们所在的制度系统是一个关于系统的整体决定，在该系统中人们采取整个行动过程。为了理解对于这种交互系统的采用，以及它们在进化压力下成功被选择的先决条件，我们需要研究以整体方式施加这种压力的个体的行为变化。我们需要了解，一个社会经济交互平台的制度治理系统需要满足什么条件，个人才会采纳它，在这个系统里处理他们的事务，并决定参与它的发展。在这个过程中，我们将借鉴和发展布伦丹在别处发表的研究，其中对此进行了概述分析。

　　首先，布里斯班俱乐部模式表明，如果在一个特定的制度体系和从属平台上处理个人事务与在另一个制度体系和从属平台上处理个人事务之间存在可替代状态，那么就可以实现处理个人事务的制度体系和平台的转变。因此，只要存在一种状态，例如一种特定的激励结构，在这种结构中，一个人正在现有的制度系统及其从属平台中管理自己的事务，同时期望在基于区块链的系统中管理自己的事务，并获得大致相同的更可取的结果，那么从前者到后者的转变是可以实现的。一旦基于区块链的系统提供了一种更好的激励结构，出现了可替代状态，个体行为就会发生改变，个人就会开始在这个系统中处理他们的事务。

为了让可替代状态存在，在现有制度系统中和在基于区块链的制度系统中处理个人事务之间的替代链必须没有中断。会造成这种中断的潜在原因有两个，在任何基于区块链的制度系统和从属平台能够支持可替代状态并因此被采用之前，需要解决这两个问题。可替代状态的第一个潜在障碍是存在对任何制度系统的要求，第二个障碍是存在实现制度系统所提供的互补性的机会。任何基于区块链的制度治理系统要想被采用，它必须支持人们的预期，表明它满足任何此类系统的制度要求，而且提供了充分的机会实现系统内的互补。

这种制度要求是支持期望的必要条件，这将导致个人采用基于区块链的制度系统来处理其事务的行为变得相当容易识别。在基于区块链的平台上实施的制度系统必须支持期望，这样系统内签订的合同将被信守和执行，而且系统内的产权记录将具有保障和完整性。它必须支持这样一种期望，即关于合同和产权的纠纷将得到公平调和。一般来说，它必须支持这样的期望，即将会有一种治理，它将使所有个人处理个人事务所需的关于互惠和交易的典型期望变得可行。如果没有制度要求将得到满足的预期，个人就不可能期望通过在基于区块链的系统内处理个人事务，他们将获得任何可取的结果。

一个特定平台的制度系统还必须提供充分的机会，通过促进与他人的多种形式的互动，在处理个人事务方面实现互补。随着个人更多地在服从制度系统的区块链平台中处理个人事务，并且在处理事务的过程中进行更多的互动，采用这种平台就变得更加可取。为了被个人采用，服从制度系统的区块链平台必须支持这种互补可能被实现的期望。因此，这就要求个人期望许多其他人也会采用这个系统，这样他们就可以在处理个人事务的过程中与他人进行互动，并实现互补。如果没有这样的期望，即通过在以区块链为基础的制度治理平台上与他人互动从而实现互补，那么个人就很难期望通过在区块链平台上处理个人事务来获得任何可取的结果。

基于区块链的制度系统必须支持满足这些需求的期望和

实现互补性的可行性，但我们必须比布伦丹提供的概述更进一步，以便准确理解这些期望是如何形成和被应用的，从而指导个人通过在这些系统中处理个人事务来采用这些系统。也就是说，在必要的期望形成和应用之前，行为要求也必须得到满足，这将指导个人采用区块链平台的制度治理系统，并参与其开发。通过应用布里斯班俱乐部模型视角下的核心行为模型，我们可以深入了解这一目标可以如何实现。

首先，如果将想法纳入一个与基于区块链的制度治理平台相关的心理网络，那么这些想法将成为期望，而且这个系统提供了处理个人事务的机会这件事必须被告知潜在的系统采用者。从布里斯班俱乐部模型视角下的核心行为模型中，我们知道，这些想法能够如此深入地被纳入潜在采用者的头脑中，这取决于许多因素。这些因素决定了思想的形式，最大限度地提高了对于制度要求得到满足的程度和实现互补的机会的预期。这些因素是简单的，它们将环境中的物体、事件和对个人注意力的强大控制联系起来，这种联系建立在脑海中已有的想法上，不会与呈现出来的想法相矛盾，改变的是心理网络的外围，而不是核心。我们已经看到，叙事是传达这些想法的重要方式。因此，叙事将一种可能性最大化，即这些想法被纳入心理网络，并成为一种期望，即一个特定的系统满足制度要求，并提供了充分的有待实现的互补性，所以在这个系统内处理个人事务是非常可取的。

这些期望形成于区块链制度治理平台的各位潜在采用者的心理网络中，直到它们被用于对该人群所在环境做出判断，才能指导行为。这就要求环境中的信息要针对感知来被放置和呈现，以便在必要时唤起那些想法。信息必须被放置和呈现的方式是由知觉的显著性和连锁性决定的。促成制度要求被满足的预期元素（对象和事件），以及实现基于区块链的、系统内部所提供的互补性的充分机会，需要被放置和呈现在环境中，以便对感官留下足够强烈的印象，以满足显著的特性。另外，与这些对象和事件有着强烈联系的对象和事件也需要被放置和呈现，以便给感官留下足够强烈的印象，显著性带来的感知会导致这些有着联系的对象和事件由于连锁性被感知。如果所有这些与制度要求将被满足的期望元素，以及与实现基于区块链的、系统内部所提供的互补性的充分机会相关的信息，都可以被这样放置和呈现，那么我们将观察到这些期望被应用，它们会引导人们的行为，以便让个人采用基于区块链的系统。

然而，这些必须满足的要求为个人采用区块链平台带来的挑战远不止于此。因为对任何特定的个体来说，满足这些要求是不够的。应用期望则意味着，必须在潜在采用者之间协调以下两方面：基于区块链的系统满足制度要求；为实现充分的互补性提供空间，以便使人们更好地在系统内处理个人事务。也就是说，必须在潜在采用者群体中协调环境，以便使在区块链系统中处理事务的预期结果形成的预期得到应用，并以相关的方式指导行为。如果不进行这种协调，那么实现互补性的期望将无法实现，因为缺乏可以互动的另一方。显然，这是一件非常难以实现的事情，因此必须克服重大挑战，抓住以社群为基础发展制度治理的机会，以解决这些社群面临的问题。

因此，我们可以看到，为了使个人采用一个服从制度治理系统的区块链平台，使其决定通过在其中处理个人事务来参与建设，需要满足某些前提条件。现有平台的规则结构和基于区块链的新平台的规则结构之间必须存在可替代性。为了实现这一情况，对采用这样一个平台后将产生的结果的预期必须反映出这样一种信念，即合同和产权保障的制度要求将得到满足，而且将有充分的机会实现与该平台的其他采用者的互补。然而，要使这些期望指导行为，首先需要形成这些期望，然后将其应用于形成对潜在采用群体成员所面临的环境的判断。这就要求把会成为期望的想法以这样一种形式进行交流，使它们有可能被纳入心理网络，然后在环境中放置和呈现信息，以便这些想法被用于引导个人行为，使他们采用基于区块链的平台。这种情况必须通过在潜在采用者之间进行协调来实现，而且会有一些重大挑战需要克服，以使服从制度治理系统的区块链平台被采用和开发。

以社群为基础的解决方案

通过研究区块链与形成社会经济系统的心理过程，与其之间的相互作用，我们现在已经确立了从社会经济系统的微观尺度上来看可能是由区块链所带来的动态。我们发现区块链是一种制度技术，它促进了社会经济交互所在平台上的新的去中心化制度治理系统的私有化发展。因此，它促进了行为的改变，个人可以用进行私有化、去中心化的制度治理的新区块链平台替代拥有制度规则结构的现有平台。因此，区块链为出现以社群为基础的、需要制度治理的问题解决方案提供了极好的机会。然而，为了抓住这些机遇，形成并协调这些基于区块链的系统的制度要求将得到满足的预期，该领域的创业行动面临着重大挑战，而且实现互补性的充分机会是可得的，从而使潜在采用者可以协调采用这些技术。具备了区块链技术带来的行为变化的微观视角，我们可以提升我们的分析，以预测这种新的制度技术可能会在整个社会经济系统范围内产生的影响。

区块链使一种服从制度治理的新平台形式成为可能，社会经济交互在一个服从私有化、去中心化的制度治理平台上发生，这个平台可能是专门用来解决特定社群面临的问题的。随着区块链技术支持的中观规则开始出现，我们可以预见到，社会经济系统的关联结构会受到破坏，但这些关联结构所在的制度治理系统所受到的破坏会更严重。当区块链为社会经济交互的制度治理提供了更好的可能性时，我们可以期待建立在区块链基础之上的系统将取代现有的制度治理系统。当然，新的制度技术提供的这些可能性将使新的联系出现，这在现有的制度系统中也是不可能发生的，所以我们很可能会期望制度系统受到的破坏实际上会导致社会经济系统

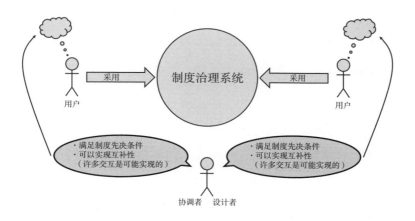

图 8.1 采用区块链时的协调问题

注：区块链使制度治理系统的私有化设计和发展成为可能，但设计者需要形成和协调期望，使制度先决条件得到满足，而且获得互补。

结构的发展。随着区块链的中观规则继续传播，使用这种规则的中观人口的关联结构将不会发生太多的再协调，而形成关联结构的制度治理系统将会变得更加协调一致。最终，我们将观察到一个围绕应用中观规则的中观人口进行再协调的经济，这种规则鼓励由制度技术支持的新的混合平台之间的交互，其中包括那些私有化、去中心化的区块链治理系统。

个人、团体和社群中谁能有效地设计区块链平台，通过制度治理解决各种问题，使新的创造价值的关联成为可能，就能获得成功并抓住这种再协调经济带来的机会。这样的个人、团体和社群将设计制度治理系统，这些系统会在社会经济系统中定义适当和必要的行为形式，鼓励在他们目前感觉不足的地方形成创造价值的关联。但他们也将能够设计这些系统以支持期望的形成和应用，这将引导一部分潜在采用者的行为，使他们决定在区块链平台中处理个人事务，从而参与平台的开发。因此，这些个人、团体和社群将能够交流关于他们所开发的平台和制度治理的想法，这些想法将成为一些简单的期望，建立在心理网络的外围，以及现有观点的基础上，而不会与心理网络产生很大的矛盾，并将物体和事件与潜在采用者群体的注意力紧密联系起来。但他们也将能够协调这些期望，通过在潜在采用者的环境中放置和呈现信息，导致期望被应用于指导行为，采用服从于制度治理系统的区块链平台，在其中处理他们的事务。

区块链支持的新中观规则的传播可能会产生新的进行过再协调的经济，就其创造价值的关联结构而言，这种经济看起来可能与它本来的样子没什么特别不同的地方。然而，就我们现在的感觉而言，这种关联结构存在的制度背景可能看起来会非常奇怪。很有可能，支持这种关联结构形成的将会是一套远更多样化的制度系统，这种关联结构是为形成这种结构的人的制度需求定制的。这套制度系统将包括在区块链上运行的私有化、去中心化的制度治理系统。很可能的是，尽管主要的变化发生在制度层面，但这种更定制化的制度治理结构的发展将促进新的创造价值的结构的形成，弥补开发这些结构的个人、团体和社群希望解决的缺陷。尽管有效地实施以区块链为基础的平台和制度治理，采用它们作为进行社会经济互动的系统存在重大挑战，但区块链带来了巨大的机遇。这项技术有望通过为这些社群提供开发私有化、去中心化的制度系统的能力，从而为以社群为基础的需要制度治理的问题解决方案开辟一个新的时代。

小结：创业规则面临着重大挑战，但也带来非凡的机遇

在本章中，我们应用布里斯班俱乐部模型分析了第四次工业革命中最年轻的"超级技术"区块链可能产生的影响。我们看到区块链这项技术通过发展私有化的、去中心化的治理制度系统，为找到社会经济问题的社群解决方案提供了重要的机会，在区块链平台中形成了创造价值的关联。但我们也看到，抓住这些机遇需要解决重大的挑战，即采纳服从这种私有化、去中心化的制度治理的区块链平台。

从新兴的制度加密经济学文献中我们发现，区块链是一种制度技术，它促进了私有化、去中心化的制度系统的发展，为社会经济的交互提供了平台。通过推动以这种方式出现的私有化的、去中心化的制度系统的发展，区块链使新的"制度发现"成为可能，在这个过程中，基于区块链的制度治理新系统可以取代现有的规则结构。区块链是一种破坏现有制度系统的技术，使围绕货币和合约的制度系统转变为围绕身份确立的制度系统。

然后，通过借鉴和发展布伦丹在别处发表的研究，我们看到，在实现这种行为改变时人们面临着重大的挑战。为了让一群潜在的采用者决定在一个治理制度系统内的特定的区

块链平台上处理个人事务，人们需要协调期望，以使现有的规则结构和新的规则结构之间存在可替代状态。这就要求在区块链平台上实行的制度系统满足产权保障与完整性，以及信守和执行合同方面的制度要求，并提供充分的机会，通过该系统的交互实现互补。这一系统所支持的期望必须通过简单的思想交流而被纳入大脑中，从而将现有的思想延伸到心理网络的外围，而不会与它们产生很大的矛盾，并将对象和事件与潜在采用者群体的注意力紧密联系在一起。人们必须协调这些期望，通过在环境中放置和呈现信息以被使用，来引导人们采纳和参与基于区块链的交互系统的开发。

从宏观角度来看社会经济系统，区块链所支持的新中观规则的出现对现有的价值创造结构造成的破坏，可能不会比它对现有的制度系统造成的破坏大。随着社会经济系统围绕中观人口进行再协调，应用区块链带来的，支持在服从私有化、去中心化的制度治理的区块链平台上进行交互的中观规则，我们可能会观察到，在一组更多样化的制度背景下，嵌入中观规则的关联结构出现了。这套制度将包括更多定制化平台服从创业行动的结果——制度系统，而且可能支持新的创造价值的关联结构的形成，因为负责开发这些制度系统的个人、群体和社群认为这些关联结构存在缺陷。构成这一套制度治理的平台和系统已经面临着重大的挑战，需要在平台上处理事务而后形成和协调对足够可取结果的期望。因此，通过对社会经济交互平台进行私有化、去中心化的制度治理，在第四次工业革命中，人们有望迎来以社群为基础的解决方案的新时代。尽管如此，在抓住这些机会的过程中，人们的生活中并非不存在重大挑战，它需要创业者在个人、团体和社群层面上做出巨大努力，开发使这种生活成为可能的区块链技术应用。

第九章
无领导的革命：创业规则案例研究

在过去十年中，区块链技术的兴起，推动经济制度在可行的去中心化治理方面取得了重大进展，同时保留了复杂系统的完整性。区块链技术是第四次工业革命三大核心技术基石中的第三个，因为它涉及对经济的影响。如前一章所述，区块链技术是本书中提到的三大"超级技术"中最新的一个，它的概念在近十年才出现。区块链技术也是三项技术中最不成熟的，它的大部分潜力和许多变革性应用还尚未得到实现或至少未被广泛采用。

协调、规则、治理、法律与秩序

近年来，区块链最突出的使用案例是加密货币，这使区块链迅速成为世界各地技术会议和金融圈的首要议程。全球加密货币总市值曾达到数万亿美元的峰值，目前仍是一个拥有 12 位数巨大总市值的行业，在全球财富中占很大一部分。尽管拥有高度的波动性和不确定的未来，但这个用例不太可能很快消失。不过，区块链技术还有许多其他的用例，从长远来看，它们可能会不仅在货币意义上，而且在结构和制度意义上产生更具实质性的经济影响。这些用例已经得到来自研究人员和行业内部的越来越多的关注和兴趣。

这是如何实现的？首先，我们的社会和机构，企业和政府，俱乐部和协会，以及其他足够大的人类群体之间的系统性互动形式都有一个共同点：需要协调。让我们来详细说明这一点。从最基本的意义上说，每个人都可以被定性为具有选择自身行动的能力的独立行动者，换句话说，都是自由的经济主体。正如本书前文所讨论的那样，每个人都会倾向于以一种他们认为将有助于实现他们的基础、期望和超验目标的方式行动，以此实现他们在有意或无意中努力争取实现的最终目标。

然而，个人参与一种正在运行的制度，意味着某套规则或规范存在，这套规则或规范定义了适当的、理性的，或可接受的一组行为——作为所有可能的行为集合的子集。这套规则或规范可能是庞大而复杂的，如冗长的法律法规和行业法规，也可能是极简的，如众所周知的"互不侵犯原则"（non-aggression principle）。这些规则或规范可能基于更高的美德的道德准则，也可能基于对权利和义务的理解，或者它们可能只是结果主义 ① 的权宜之计。抛开人们所认同的规范伦理理论不谈，有一点是明确的：规则和规范是通过遵守来培养可预测性的。

由于各种各样的原因，这些规则或规范的小偏差经常发生，虽然这些偏差体现了社会要付出的经济成本，但它们是可以承受的，而且是小的和足够罕见的，不会威胁到制度的可行性。意外偏差通常可以被归因为信息不完全和不熟悉。为了所谓的公共利益而以公共方式执行的故意偏离规则通常是一种行动主义，而为了私人利益而以私人方式执行的故意偏离则通常是一种腐败。

然而，如果有足够多的人对这些规则或规范做出实质性的偏离，就会导致混乱。足够多的混乱会带来不可预测性，而不可预测性会削弱人们实现安全这个期望目标的能力。不可预测性还会导致经济损失，因为基于对未来的一系列预期所做出的决定在这些预期没有实现的时候会被证明是次优的。随着混乱程度的上升，最终社会或制度达到一个临界点，不再能够有效地发挥作用。

---

① 结果主义：又称结果论，是伦理学中的学说，指一个行为的对错要视该行为就总体而言是否达到最高内在价值来决定，即结果主义的道德推理取决于道德行为的后果。——译者注

迪克西特（Dixit）于 2009 年发表的一篇论文是治理经济学中具有里程碑意义的一篇论文，他提出，市场经济在没有以下先决条件的情况下无法正常运行：①产权的保障；②合同的执行；③集体行动。受到良好保护的产权会为人们创造最佳的条件，激励他们储蓄和投资，并且更少担心自己分配了过多的时间和精力来保护财产。合同的执行会确保每一方都能从经济交易中实现共同获利，而不用担心被欺骗。适当的集体行动可使外部性内在化，适当管理公共产品和公共危害也是如此。

信任可能是所有经济都依赖的唯一一样东西，因为信任对经济交易和商业至关重要。然而，信任和真实性的验证是两个不同的概念。韦尔巴赫（Werbach）讲述了一个发生在 2016 年年中的典型事件，大约 1.1 万人向一个分布式自治组织投入了价值约 1.5 亿美元的以太加密货币，在一个坏的行动者从该分布式自治组织窃取了 5 000 万美元后，区块链才会经历一个硬分叉（分裂），变成两组。由于区块链的不可变性，一个组接受了黑客行为的发生并继续偷窃资金，另一个组则脱离出来并决定扭转这一事件。韦尔巴赫把这件轶事作为例子来支持这样一种观点，即一个包罗万象的法律体系在产生信任方面与区块链是互补的，他认为"区块链是针对验证的一个巧妙的解决方案，但促进信任需要一些别的东西"。

　　然而，正如斯特林厄姆（Stringham）所指出的，对于社会中的绝大多数日常交易，依赖法律制度来执行合同义务的经济成本往往大大超过能从交易价值中获得的边际效益。而且，通常投入大量时间执行法律的机会成本通常很高。斯特林厄姆还有力地提出，经济市场的位置也发挥了很大的作用，因为如果合同发生在偏远地区或某些网络环境中，或跨越了管辖边界，那么执行合同可能会更加困难。有大量观察所得的证据表明，经济市场往往在很大程度上会独立于政府的执行而运转。建立在区块链等技术基础上的私人治理，可能可以降低由于缺乏执行而带来的平均交易成本。

　　从法律意义上来看，区块链之所以非凡，是因为它允许两方或更多方在满足以下条件的情况下签订某种形式的合同协议：①各方希望保持其匿名性；②各方无法依靠可理解的法律或社会背景来确保合同的执行。区块链能够在所谓的无信任环境中提供一种创造信任的手段，这是这项技术最有前景的特性之一，也是目前合同治理专家关注的焦点。遗憾的是，法律学术文献并没有恰当地解决由于节点选择、网络大小、共识机制以及区块的可读性和可写性发生变化而导致的实质性差异。

　　2017 年，德雷舍（Drescher）巧妙地总结了当人们在区块链系统的安全性和操作速度之间，或者在区块链上用户、数据的隐私与增强信任的透明度之间找到适当平衡时会出现的技术冲突。于是，区块链系统被简单地分为四种类型（如图 9.1 所示）。

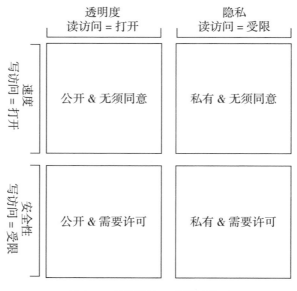

图 9.1　区块链的四种常见类别

注：有两种常见的冲突，其解决方案描述了区块链的四个类别。第一种冲突是关于写访问的，第二种冲突是关于读访问的（德雷舍，2017）。

　　因此，有一点认识很重要，作为经济市场交易的基础技术，所有区块链的表现和适用性都是不相同的。当人们使用

"公共区块链"一词时，通常这代表的是公开的和无须同意便可访问的系统。另一方面，"联盟区块链"一词通常指私有的和需要许可的区块链。另一个更具体的词是"完全私有区块链"。这通常是指私有的和需要许可的区块链，但完全由一个组织、团体或个人管理和使用，这使它们区别于更一般的联盟区块链。对于完全私有区块链来说，它们维护存储数据完整性的能力被认为比它们支持去中心化信任系统的能力更吸引人。

　　虽然区块链技术所固有的智能合约有许多应用，但它们在几方面与法律合约存在根本区别。2017 年，萨韦利耶夫（Savelyev）很好地总结了这些差异，例如：①智能合约不会催生未来的法律义务；②人们一般不能违背智能合约；③无效同意不影响智能合约的有效性；④智能合约中人人平等；⑤智能合约可能无法先验地区分合法和非法内容；⑥智能合约是自主执行的。正如 2018 年戈韦尔纳托里（Governatori）等人所指出的，智能合约的编程语言也会影响其法律适用性，他们认为，尽管如今大多数智能合约都是用命令式语言编写的，但采用陈述性的编写方法有明显的好处，这种方法能从执行合同所需的计算操作中抽象出来，清楚地说明达成一致的法律条款。更近些时候，2019 年，罗里·昂斯沃思（Rory Unsworth）撰写了一篇精彩的文章，讲述区块链在法律合同领域的新兴角色，随后这篇文章在科拉莱斯（Corrales）、芬威克（Fenwick）和哈皮奥（Haapio）编辑的一本书中作为一个章节出版。罗里·昂斯沃思指出，从当前合约中的法律条款到智能合约中的程序性条款，任何过渡过程中都会不可避免地出现一些挑战。例如，尽管存在一些相似之处，但许多传统法律条款都遵循复杂的结构，往往具有特定合约上下文中特有的特征，这会使将其转换为计算逻辑的过程非常烦琐。罗里·昂斯沃思认为，数字合约优化（DCO，Digital Contract Optimization）可能有助于这种转换，并指出数字合约优化的过程可以包括：①条款提取；②条款聚类；③重要性评估和专家分配；④质量和范围评估；⑤书籍调查和基准创建；⑥自动合约审查。在可预见的未来，区块链技术不太可能取代传统合约，但可能在某些情况下增强传统合约。

除了合同法，区块链还有可能在更广泛的法律领域造成破坏，例如，在涉及私有财产和数字权利管理定义的案件中。这会使数字内容的创造者拥有潜在的法律和经济利益，他们可能很快就会找到更简单的方法来促进正确的归属，并在网络匿名可能制造漏洞的情况下进行适当的授权和版税支付。这反过来可能会促进新的在线商业模式的发展，这会为内容创造者提供与目前在平台中间商控制下相比更多的经济价值。未来区块链可能还会在改进依从性的过程中找到一个自然的位置。例如，过时的"了解你的客户"（KYC，know-your-customer）尽职调查和验证流程每年要耗费单家金融机构数亿美元，而且经常会令客户感到沮丧。根据现有的反洗钱和"了解你的客户"法规对银行处以的罚款放大了这些经济成本。通过避免不同银行对同一客户进行重复的"了解你的客户"验证，银行间分布式账本的使用最终可能会降低整个金融部门的成本。

　　当使区块链技术被应用行业环境更广泛采纳时，人们所面临的最大挑战之一始终是建立必需的支持性基础设施。然而，在过去几年中，主要的科技公司率先在云端提供区块链基础设施，从而降低了创新公司以新的区块链应用程序进入市场的成本壁垒。其中一个例子就是微软公司（Microsoft），现在微软通过 Azure 平台提供各种格式的区块链即服务（BaaS，blockchain as a service），从而使新兴公司能够专注于开发，而不是追逐所需的资本，建立昂贵的基础设施。这种行业转变反映了 21 世纪初云基础设施即服务（IaaS，infrastructure as a service）的出现，以及为创新者创造的市场机会。特别是以太坊（Ethereum）在过去几年里已经发展成为一个主要的区块链平台，由以太币支持，在开发者中非常受欢迎，这些开发者会使用 Solidity 语言为区块链支持的应用程序编写定制智能合约。Linux 基金会建立的超级账本项目还包括各种各样的区块链工具和框架，这些工具和框架已经在企业的应用程序中被广泛应用。另一个迫在眉睫的挑战是更高层级的元中心化，或"紧急中心化"。随着技术生态系统围绕着某些区块链而演变，核心的去中心化系统本身可以成长为其他系统集成中的中心化角色。组织不能过于依赖区块链系统的正确运作，因为即便是这些系统也会时不时失灵。希望部署区块链系统的前瞻性组织需要意识到，他们仍然需要缓解更广泛的系统性风险。

组织的另一种治理结构

区块链带来的最基本的机遇之一是在治理领域创造新的经济价值。区块链系统的分布式特性是核心经济组织出现去中心化治理结构的强大技术推动力。而且，区块链为反腐败工作开辟了新的机会，并通过治理层面的产品和流程创新为社会提供了经济福利。

去中心化自治组织（DAO）

去中心化自治组织（DAO，Decentralized Autonomous Organization）就是一种可以通过区块链技术来创建的最简单的去中心化治理结构。作为一种组织结构，它必须执行通过某种机制决定的特定行动，以便在参与组织的实体中达成共识。这种共识机制很大程度上是这样的：参与的实体构成了一个"节点"网络，它们可以完全匿名，同时能够相信整个网络将会遵守，甚至执行规则。它还必须包含有关组织活动的所有重要信息的真实记录，并保护其免受腐败或各种攻击的影响。去中心化自治组织不代表一种组织属于层级结构，同时也不完全是一种市场结构。2018年，赫西耶（Hsieh）等人将去中心化自治组织定义为"在点对点的、经过加密（以保障安全）的公共网络上执行和记录日常任务，并且依赖其内部利益相关者的自愿贡献，通过民主协商过程来操作、管理和发展的无层级组织。"

去中心化自治组织在很大程度上依赖于点对点网络的正常运行，这种网络可以以一种有组织的、安全的方式管理信息和数据。作为一种经济生产制度，点对点网络以其他形式存在已经有一段时间了。许多点对点网络同时也是一种经济消费制度，导致一些作者将这类网络的成员称为"生产消费者"，因为他们不仅是经济商品和服务（通常是基于信息的或数字的产品）的消费者，而且往往同时也是生产者。博旺（Bauwen）和潘塔齐斯（Pantazis）参照经济生产模型，对提取式点对点网络和生成式点对点网络进行了区分。在他们看来，前一类包括许多以营利为目的的平台，比如优步、爱彼迎和脸书，它们有着传统的公司结构，监管着一个庞大的用户网络，通过参与这个网络，他们既为其他用户创造价值，又从其他用户那里获得价值。然后，网络背后的主导公司通过各种方式从这块经济价值中提取一部分，这个过程被称为剩余价值提取。后一类点对点网络通常包括更多的开源和非营利网络，比如维基百科（Wikipedia）和 Linux。这些生成模型的典型特征是，用户不仅是生产消费者，而且是更真实意义上的管理者，他们共同创造和开发共享的经济资源或共同财产。

作为经济实体，组织可以有很多种形式。塔卡希（Takagi）对该理论做了一个很好的总结。传统上，市场（自愿议价）和等级制度（严格的权力线）之间有区别，当市场操作的交易成本过高时，人们就会选择层级结构。这些成本包括寻找合适的客户或供应商，以及随后执行合同的相关费用。威廉森（Williamson）认为，这些交易成本的源头可以被概括为：①不确定环境下的有限理性；②由于信息不对称和滞后而产生的"小数额交换关系"的机会主义，客户有效地"锁定"与原始供应商的关系。在传统的组织环境中，当环境的不确定性足够强，足以要求定期进行与层级相关的可靠的沟通时，或者当信息不对称和机会主义需要通过内部审计和严格的信息流来控制时，那么无论层级结构是明显的还是隐含的，都会被认为是首选的机制。图 9.2 用图形说明了人们对作为经济组织的市场与层级结构的传统理解。

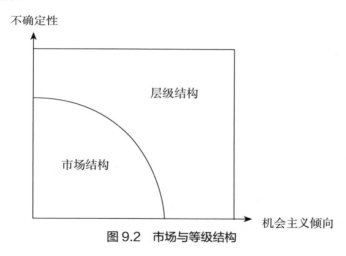

图 9.2 市场与等级结构

注：科斯式视角下的基于交易成本的企业边界，由威廉森绘制（塔卡希，2017）。

从经济的角度来看，经济组织是"创造出来的实体，人们在这些实体中互动以达到个人和集体的经济目标"。这是一个广泛的定义，包含所有的层级和市场结构。但从法律的角度来看，组织有自己独特的法律身份，这样他们就可以签订有约束力的合同。只有一些具有纯粹层级和市场结构的实体是合法的组织。塔卡希认为，去中心化自治组织虽然不一定是合法的组织，但在交易成本方面，应该致力于代表市场和层级结构两种极端之间的第三种可行选择。事实上，规模成本（包括货币成本和复杂性成本）将最终决定区块链在业务流程执行中的长期可行性。在调查这个问题时，林巴（Rimba）等人提出区块链最终将在业务流程执行中承担两个角色：①处理消息并检查一致性的"编排监视器"；②协调参与者之间协作的"活动中介"。即使在更传统的组织中，需要许可的区块链也提供了改善如股东参与系统等重要功能的机会。

开源经济学和共同对等生产社区

基于区块链的治理结构可能会在各种在线开源项目和共同对等生产（CBPP）社区中找到一个自然的未来家园。这主要是因为这些项目和社区的分布式和去中心化结构与上述这些治理结构的益处相一致。

与开源项目相关的经济激励是独特的，因为分配时间给这些项目的个人通常会放弃直接的货币补偿，而货币补偿通常来自专有项目。如果这些人在工作时从事这些项目，那么他们的雇主还承担了一种机会成本，即本可以被投入与雇用关系相关的主要生产活动中的努力，比如完成客户交给自己的工作或学术研究项目。另一方面，勒纳（Lerner）和蒂罗尔（Tirole）提出，开发开源项目的延迟收益很大程度上是由获得同行（自我满足激励）和未来雇主（职业关注激励）的尊重和关注的强烈信号激励所驱动的。根据这个框架，如果开源项目对大量相关受众高度可见，可以直接展示参与者的才能，并且不需要付出过多的时间和精力就可以完成，那么它们就更有可能被开发。

这种信号激励在开源项目中被认为比在闭源项目中更强，因为其涉及更大的透明度，员工能够在不受主管干扰的情况下采取主动，以及公司不可知的工作场所技能能够被开发。我们还可以得出，当目标受众是高度复杂的，因而能够准确判断开源项目参与者所做贡献的相关价值时，信号激励是最强的。因此，开源项目的参与者倾向于关注会吸引某一类用户的特定问题和任务。通常，围绕着每个项目会形成一个社区，参与其中可能会创造进一步的社会效益和满意度。互惠的利他主义是开源社区发展的一个关键因素，因为不受限制地受益于他人对项目的贡献的个人会感到有义务"把它传递下去"。

这种开源项目被归类为一种私人－集体创新的形式，在这种形式中，公共产品创新由私人提供资源，但没有任何私人回报的承诺。私人公司希望在开源项目中推行一些治理结构，以便更好地从私人－集体创新的过程中获益，这有着根深蒂固的传统。例如，作为代码发布策略的一部分，科技公司会定期向公众发布部分专有代码。开源项目对基于区块链的治理结构的使用，由于其自然的适用性，将支撑未来几年出现的许多基于区块链的创新。

实际上，开源在线项目代表了共同对等生产社区的一种常见类型。对等生产的特点首先是行动权力的去中心化，其次是根本的社会（而不是直接的经济）激励结构的存在。本克勒和尼森鲍姆进一步指出，共同对等生产过程通常反映了三个结构特征。首先，生产的产品或产出必须高度模块化，以适应不同个体工作者的共同劳动，这些工作者的工作既不是同质的，也不是集中组织的。因此，生产过程通常是高度"增量和异步"的。其次，他们提出模块必须具有异质的粒度，以便贡献无论大小都能显著地将项目向其目标推进。最后，质量控制和将这些单独的模块集成为最终产品的过程必须是花费不多的。

因此，有效的共同对等生产项目依赖于适当的技术，以去中心化和安全的方式促进工作者之间的互动和单个工作区块的完成。互联网是第一位的支持技术，许多共同对等生产社区需要通过专门的论坛和维基网站工作。区块链技术固有的透明度和去中心化提供了技术能力，通过引入信任和协调、非分级治理，以及更复杂的激励结构，使共同对等生产项目达到更高的生产力水平。这反过来可能使现有的共同对等生产社区能在不引入集权化的官僚制度的情况下实现规模化。此外，它可能会增强高度活跃的基层活动或项目的潜在长期经济影响，众所周知，这些活动或项目通常存在组织混乱、信息管理不善和记录保存不可靠等问题。随后，区块链被用于扩大生产模式的可能性，带来更"生成式"的对等网络模型，而不是传统的"提取式"模型和等级模型，正如博旺和潘塔齐斯发现的那样。

区块链的一些有前景的应用

在过去的几年里，创新的全球企业、初创公司、政府和国际组织一直在各个领域广泛应用区块链技术，包括数字身份、人道主义援助、能源行业、医药和医疗保健、供应链管理、数字货币、移动支付、银行及其他应用。

数字身份

拥有合法身份的能力是现代经济体系的核心，是其有效运作的必要条件。一个人的身份提供了一种识别自己及其所有个人资产和所有物的手段。就大多数经济市场而言，在有他方参与的任何交易中，人们需要合理地满足以下条件：首先，他们确实是他们所代表的人；其次，他们有权提供进行交易的金钱或商品，是主要拥有者或代表拥有者行动的有效代理人。

通常，一个人的身份可以用一组详细信息来表示，包括全名、出生日期、出生地点、国籍，可能还包括住宅地址和直系亲属的详细信息。这种身份可以通过独有数据的正确验证进一步被认证，通常通过三种方法中的某一种实现，如金（Kim）和曾（Jeong）所述。这三种认证方法是：①基于信息的认证，例如密码或只有拥有正确身份的人才知道的一系列安全问题及唯一的答案；②基于所有权的认证，例如，使用硬件或软件认证设备，每30秒向设备所有者提供唯一的多字符密码；③基于生物识别的认证，例如人脸识别、语音识别，或指纹扫描仪。大多数国家通过集中化的国民身份识别系统来跟踪其公民、居民和签证持有者的身份，这个系统会将所有这些细节与一个由政府管理的关键数字标识符（比如护照号码或驾照编号）连接起来。类似的方法也被用于识别公司和组织。然后，所有这些标识符及关联的个人信息会被存储在中央政府控制的数据库中。

如果中央集权系统可靠的话，一切就能很好地运作。然而，在世界上的许多地方，战争、腐败、社群不信任和管理不善等情况使得集中化的身份识别系统变得不可靠。世界银行验明身份发展（ID4D，World Bank Identification for Development）项目的最新估计结果显示，全球仍有超过 10 亿人无法维护自己对身份的所有权和控制权。身份识别在大多数行业都很重要，但对于一些行业，比如银行业，"了解你的客户"和反洗钱法规对身份识别提出了相当严格的要求，在某些情况下，可能需要提供推荐信、就业证明、出生证明和水电账单等。对于那些无法可靠地核实自己身份的人来说，这意味着会有显著而可怕的后果，在许多情况下，他们会无法开立银行账户、购买房产，甚至无法投票。即使是生活在相对发达和稳定的经济体中的个人，也会经历在线身份识别系统的崩溃和重复的身份验证。例如，客户在他们希望开立账户的每家银行通常都必须经历一次新的"了解你的客户"验证过程。这些数据被存储在一个集中的数据库中，也使其成为一个对黑客和腐败的政府雇员而言很有吸引力的目标，他们有可能获得数据，并为了私人利益对它们加以利用。

越来越多的人正在努力探索区块链技术在缺少稳定的集权政府身份识别系统的经济地区提供数字身份解决方案的潜力。由于其中许多地区还遭受战争或其他危机的影响，对致力于为重建工作提供援助和资金的组织来说，实际上建立身份识别系统具有挑战性。例如，世界粮食计划署（WFP，World Food Programme）最近一直在试验他们的"构建区块计划"（Building Blocks program），该计划使用以太坊区块链技术来促进现金转移和人道主义援助。从 2017 年开始，世界粮食计划署已经开始在约旦的难民营使用这项技术。现在，生活在这些难民营里的数千名难民可以在销售点使用虹膜扫描仪购买食品杂货，这种扫描仪采用了联合国难民事务高级专员公署（UNHCR）的生物识别认证技术，将他们的食品杂货交易与世界粮食计划署分配给他们的现金价值记录联系起来，并存储在区块链中。这种安排消除了通过传统银行转账所产生的财务交易费用，并减少了世界粮食计划署处理这些交易的行政费用。

2018 年，茨维特（Zwitter）和布瓦斯 – 德斯皮奥科斯（Boisse-Despiaux）提出，如果要让区块链技术最终被证明可以用于人道主义援助背景下的新应用，就必须满足以下四条标准：

这种新技术带来的效益必须超过它的开发和推广成本；

通过分布实现去中心化，通过透明化实现内在信任，必须是新技术的必要特征；

数字账本必须是新技术的核心，这是不可改变的；

新技术的特点必须符合法律规范、人道主义原则和职业行为准则。

"合格货币"的概念一直被视为基于区块链的数字身份解决方案的自然延伸，从而可以提供援助资金，但只能用于特定目的或由特定社群使用。此外，存储在区块链上的所有交易记录为捐助者提供了更大的可信度和透明度，而且可能有助于恢复人们对那些因腐败行为而受到抨击的非营利组织的信任。合格货币的概念也有助于防止非法资金源进入货币供应链。区块链很可能成为在系统治理不善的背景下打击腐败的有力工具。

数字身份区块链的另一个已被证实的应用是土地注册。按照惯例，土地所有权的记录由政府管理，但在危机事件或政治动荡时期，这些登记册可能会被篡改或销毁，只留下少数记录来确定土地的所有权。切特利（Kshetri）指出，非洲农村的大部分土地是未登记注册过的，此外人们因难以建立身份证明而无法进入正式的金融系统，所以无地可以说是经济增长的最重大障碍之一。然而，对于土地注册和合格货币，我们必须谨慎行事，以确保拥有足够的灵活性；并且能够通过明智判断和酌情决定处理不寻常或不可预见的情况。其危险在于，在不稳定的危机事件中，使用自动执行的智能合约的编程过程过于不灵活，这可能会被证明是一种障碍。

人们正在提出和开发许多基于区块链的身份识别系统的其他应用，如身份即服务系统。对于遭受版权侵犯和找不到责任归属的数字创作者来说，区块链可以在不久的将来提供一种在经济和技术上可行的解决方案。基于区块链的身份识别系统还面临着进一步的挑战，特别是在与现有的复杂组织结构和访问控制相结合方面。传统的中心化系统依赖于访问控制列表（ACLs，Access Control Lists）和基于角色的访问控制（RAC，Role-based Access Control）等模型，但这些并不适合基于区块链的系统。

能源行业

除了数字身份识别应用，能源领域也日益成为应用区块链技术的中心舞台。近年来，可再生能源占能源供应总投入的比例大幅增加，但事实证明，可再生能源的加入对电力批发市场来说是一个挑战，因为它们具有相对波动性，而电力批发市场无法实时反映合适价格的信号。缓解这一问题的一种方法是建立智能微电网，形成当地能源市场（LEMs，local energy markets），供当地的能源消费者、生产者和生产消费者进行较小规模的能源交易。其优点包括这个市场能够为某一地理位置的能源供应和需求提供适当的、近乎实时的定价机制，而且能为参与者降低能源成本。理论上，如果这些地方能源市场可以被设计为私人区块链，就能具有应对大量代理人、管理单边或双边市场的灵活性，可以集中定价或采用去中心化拍卖定价机制。

基于区块链的当地能源市场微电网项目已经建立，例如布鲁克林微电网（Brooklyn Microgrid）和朗道微电网（Landau Microgrid ）项目。在网络建立在以太坊区块链上的情况下，共享每个生产消费者的能源需求和供应信息的智能电表可以被视为轻节点，而区块链平台的提供者可以被视为全节点。基于区块链的点对点电力交易网络也取得了具体进展，比如澳大利亚区块链公司 Power Ledger，而且有可能以类似的方式管理电动汽车的电池充电网络。事实上，刘（Liu）等人已经开发了一种专门针对区块链网络上点对点电力交易的独特特性设计的收益证明（PoB，proof-of-benefit）共识机制。多能源系统不仅可以促进电力交换，还可以促进加热和冷却交换，该系统也被评估为理论上可行，可以完全在以太坊区块链上运行，可以具有适当的激励机制，以实现本地可再生能源发电的最优分配。其他研究更加关注通过使用区块链网络，来更有效地转换能源供应商的可行性，这将降低进入壁垒，促进更良性的竞争。

医疗保健

医药领域和一般的医疗保健部门正开始探索区块链的潜在应用。最有前景的用例似乎是开发完全安全的、以患者为中心的电子健康记录（HER，electronic health records）和电子医疗记录（EMR，electronic medical records）技术，这些电子病历能保护患者的隐私，其医疗数据和临床记录由个人控制，允许被授权的医疗专业人员读写访问，并且能在不增加人力行政工作量的情况下与各种卫生系统交叉兼容。该技术的可量测性可能是一个挑战。此外，地理空间区块链的出现使人们将位置数据集成到分类账条目中，通过地理位置证明对事件进行协助映射和认证成为可能。2019 年，阿朗索（Alonso）等人对区块链在电子卫生系统中的应用进行了全面的文献综述。这篇综述表明，许多早期技术基础已经准备就绪。一旦技术成熟，实施的最大障碍将包括：说服关键的涉众他们需要改变，以及培训缺乏时间的员工如何使用新系统。

第二个有前景的医疗用例涉及管理大量匿名的公共卫生数据，目的是在不同的医疗机构之间高效、安全地共享知识，减少人工操作，为更广泛的社区和政府的卫生政策提供资源投入，并与第三方商业和第三产业研究机构合作开发新的治疗方法。2018 年，张（Zhang）和林（Lin）阐述了如何用他们提出的共享协议和双区块链系统（一个私人区块链和一个联盟区块链）实现这一结果。更广泛地共享医疗数据背后的技术也将使远程患者监测实现自动化。毫无疑问，如果实现了更大程度的患者参与和数据共享，就预示着医疗行业将迎来一个新时代。

供应链

曾经，供应链对于商业界而言具有经济利益，主要是因为前者能够降低与中间货物的国际运输有关的成本和行政负担。术语"供应链管理"（SCM，supply chain management）在 20 世纪 80 年代初首次被引入，反映了现代企业中与管理供应链的规模和复杂性相关的挑战日益增加，并且从企业管理中诞生了一个新的学科。在当今的世界，供应链管理包含许多商业活动，比如预测、采购、物流、销售和市场营销。为了满足这一需求，世界各地的企业每年要在供应链管理软件上花费数十亿美元。尖端的供应链管理软件产品现在加入了工业物联网功能，比如云计算和各种基于 GPS（全球定位系统）和 RFID① 技术的智能传感器。根据高（Gao）等人的

---

① 一般指射频识别技术。——译者注

说法，当前主流的供应链管理软件产品面临着两方面实质性的限制。首先，供应链本质上涉及多家企业，这些企业可能不愿完全透明化，不愿分享自己的商业敏感信息，而且每家企业可能都在运行自己的供应链管理软件。其次，供应链管理软件往往是黑客的目标，黑客的目的是破坏系统完整性，并获得（或删除）信息，以达到欺诈的目的。手工输入数据还会提高由于人为错误和损坏而造成损失的风险。因此，操作集中化数据库的传统供应链管理系统特别容易出现单点故障。

供应链本质上的分布式特性已经很好地推动了几个非常有前景的企业和项目取得进展，这些企业和项目正在开发使用了区块链技术的供应链管理系统。从本质上讲，这些账本登记了时间戳、跟踪信息，以及产品标识，这大大提高了供应链上商品和服务的可追溯性。这份数据通常包含至少 5 个事实：①商品性质描述；②商品质量描述；③商品数量；④商品当前位置；⑤商品当前所有权。当然，基于区块链的供应链管理系统最被使用广泛的经济用例是高价值资产，比如钻石、艺术品、红酒和医药产品。Everledger[①]等新兴公司正在利用这一特殊机会，以追踪高价值资产的

---

① 一家区块链供应公司。——译者注

来源。

由于基于工作量证明协议的前一代区块链的技术限制，早期开发基于区块链的供应链管理系统的一些努力遇到了困难。例如，与添加新区块相关的处理时间和能源需求对于需要用到大容量应用程序的场景来说是一个挑战。由于区块的需求不可预测，所以在供应链管理系统中使用权益证明协议也存在稳定性的挑战。我们还详细研究了区块链技术在供应链金融中的潜力，以及对订单处理、运输、发票开具和支付的各个层面的影响。基于区块链的供应链的创新正在快速发展，参加相关的行业会议就可以观察到最先进的技术。整个行业更广泛地采用基于区块链的供应链管理系统还需要时间，因为在技术和监管标准方面还有进一步的工作需要去做。

数字货币

加密货币是一种非法定的、依赖分布式账本技术的去中心化虚拟货币，它的建立使区块链技术闻名遐迩，直到今天加密货币仍然代表了区块链最被广泛认可的应用。自2009年第一种加密货币比特币（Bitcoin）出现以来，广泛交易的加密货币数量已经增长到数千种，总市值达数千亿美元。

对于大多数加密货币来说，它们的市场价值是由正常的供求关系决定的。在过去十年中，随着人们对加密资产的存在及其各种用途的认识不断增强，对加密资产的需求也大幅增长。供应的特征因加密资产而异。例如，除了可以用于加密交易，一些加密货币可以通过电子方式挖掘，一些加密货币的预先编程对总供应有限制，比如硬上限，或有些新代币需要基于时间通过空投机制发布。与单一类别商品竞争市场的经济理论一致，数据表明，随着时间的推移，挖掘加密资产（例如比特币）的赢利能力趋于零。加密货币反复出现的一个实际问题是其相对较高的价格波动，这导致了一些"稳定币"的引入，这些稳定币在价值理论上与法定货币挂钩，以努力为用户提供更可靠的参考价值。另一个问题是硬分叉的普遍存在，这是一种治理失败，会将加密货币分裂为两个对立的派别，最终破坏市场价值和信任。

终端消费者对待加密货币的方式究竟是会使其更多地被归类为货币（即金融交换媒介）还是证券（即可交易的金融资产），目前仍存在争论。不断变化的现实似乎支持加密货币会同时实现这两种目的的观点。目前，加密货币在电子商务产品的在线支付和在线赌场等环境中被用作货币。某些人还把它作为从严格限制资本外流的国家获取匿名财富的手段。加密货币被投机者视为证券，他们购买并持有它们，只是希望它们的价值会随着时间的推移而上升。此外，加密货币在新的融资方法中发挥了巨大的作用，比如首次币发行（ICOs，initial coin offerings）、首次交易所发行（IEOs，initial exchange offerings）和证券代币发行（STOs，security token offerings）。潜在投资者购买由公司募集资金发行的特定数量的代币，这些代币具有某些特权，稍后可以在区块链基础设施上使用或交易。首次币发行在 2016—2018 年非常受欢迎，但由于第三方的额外存在，该行业已经转向首次交易所发行和证券代币发行，这降低了欺诈风险和对首次币发行施加的严格监管。在首次交易所发行的情况下，这个第三方是加密交易所，它的工作是确保代币满足要求。证券代币发行则更进一步，确保代币有实际资产支持，将证券型代币转变为适当的证券。这些代币通常只能由经官方认可的投资者购买，而且需要更严格的监管程序，比如"了解你的客户"和反洗钱验证。

由于法定货币的网络效应，以及转换具有微小的或可以忽略不计的边际效益，传统货币似乎不太可能很快被加密货币取代。但人们在将加密货币支付处理选项整合到普通销售点系统方面已经取得了一定的成功，万事达（Mastercard）和维萨（Visa）等支付公司最近一直在开发加密借记卡解决方案，使消费者可以更自由地使用加密货币。通过将加密货币整合到现有的无处不在技术中，被视为货币的加密货币可能会得到最有效的广泛采用。由于存在许多欺诈和网络犯罪事件，而且它们对反洗钱工作造成了威胁，世界各地的监管机构越来越多地呼吁对加密货币的使用进行更严格的限制。尽管存在欺诈的威胁，而且监管日益繁重，但许多合法企业将继续在运营中使用加密货币，整个金融服务行业也将继续面临加密货币的加入所带来的巨大挑战。对于许多在线商家和类似的企业来说，欺诈风险只是做生意的成本，可以被量化和最小化，加密货币的出现只会让他们在欺诈预防策略方面取得新的发展。

第五部分

讨论与总结：利用第四次工业革命进行系统建设

第十章
新经济：机遇、挑战，以及如何应对

　　在前面的章节中，我们运用社会经济系统的布里斯班俱乐部模型，将社会经济系统视为一个由个体根据其所处社会经济环境和心理采取行动而形成的复杂的、不断演化的网络，由他们所能利用的技术来实现，以此分析第四次工业革命的"超级技术"。这个模型将我们的分析与其他人的分析区别开来，因为它的分析基础是心理学、制度和进化经济学。我们应用这个模型来理解作为第四次工业革命核心"超级技术"的互联网、人工智能和区块链所产生的影响。我们对每种技术的本质及其与心理过程的关系进行了分析，从而能够理解它可能带来的行为变化，并且我们能够用一种更宏观的视角来聚焦它，看到随着第四次工业革命的进展，每一种"超级技术"都可能会带来颠覆性变革，然后对社会经济系统进行再协调。

　　在本章中，我们将结合这些对第四次工业革命中"超级技术"的分析，对它将塑造的经济的可能形式和动态进行展望。在此过程中，我们还将汇总我们对第四次工业革命的

"超级技术"所带来的各种机遇和挑战的分析，概述个人和团体将面临的发展趋势。我们将看到第四次工业革命带来了一些深刻的挑战，包括：在竞争超级激烈的全球市场中争夺注意力，即便是那些在以往最稳定的工作其自动化程度也在扩大，个人和社群如何协调应对日益混乱的社会经济系统。但我们也将看到，第四次工业革命为全球市场的超快增长提供了影响深远的机会，为用最少的劳动力实现这些目标提供了惊人的生产可能性，而且通过发展个人制度化创业精神来开发制度治理解决方案，解决个人及社群面临的问题。我们将特别利用布里斯班俱乐部模型的核心——行为模型，以及制度模型，来为个人和群体可能制定的战略提供建议，以抓住机遇，减轻第四次工业革命带来的挑战。我们将看到，个人、团体和社群可以采取步骤来抓住第四次工业革命带来的机会，并通过接受通才教育来减轻挑战，这种教育能够给予他们道德和实践方面的知识，反映了纳齐姆·尼古拉斯·塔利布（Nassim Nicholas Taleb）所说的"抗脆弱性"。我们将看到，社群可以利用制度技术来开发制度治理解决方案，以应对他们面临的挑战，从而抓住第四次工业革命带来的机遇。简而言之，我们将描绘一幅可能的未来图景，并且讲述个人、团体和社群可以如何采取行动，确保未来更接近一个丰饶的乌托邦，而不是一个科技－封建的反乌托邦。

我们将按照以下步骤进行。首先，我们将汇总对第四次工业革命中各种"超级技术"的分析，以预测它将创造的经济的可能形式和动态。然后，我们将利用这一分析来呈现个人、团体和社群在第四次工业革命中所面临的挑战和机遇。接着，我们将利用布里斯班俱乐部模型，推论出个人和社群可以做些什么来做好准备，以减轻第四次工业革命带来的挑战，并找到自己的位置，抓住它带来的机会。最后，我们将进行总结，回顾我们为找到方向、适应未来经济中面临的挑战和机遇而推出的各种"系统"。

新经济：全球市场和争夺注意力，带有富豪统治意味的乌托邦，以及私有化的规则

第四次工业革命的特点是三大"超级技术"驱动着一系列正在改变经济系统的应用。这些"超级技术"将改变社会经济系统，我们可以整合我们运用社会经济系统的布里斯班俱乐部模型所进行的分析，即社会经济系统是由个人根据其心理和所处社会经济环境采取行动而形成的复杂的、不断进化的网络，来呈现这些"超级技术"改变社会经济系统的方式。把这些分析汇总在一起后，我们可以看到，第四次工业革命中经济的特点是：全球市场处于超级激烈的竞争和超快

的增长之中；争夺潜在买家的注意力非常重要；少数几类人力劳动的基本自动化提供了巨大的生产力潜能；社会经济互动的私有化制度治理拥有日益增长的潜力。

互联网的直接影响是允许任何人与在有互联网连接的地方以实际为零的边际成本进行即时通信，这促进了真正的全球范围内的搜索，进而又使真正的全球市场得以出现，促成了创造价值的交易，而且这些交易将日益不受地理位置的限制。经济中的现有关联结构构成了在全球市场中存在替代品的商品和服务的交易，互联网带来的影响是引入了一定程度的超级竞争，因为目前只有那些提供全球最佳价格－商品属性组合的个人和团体才能与消费者建立联系。然而，如果经济中的现有关联结构构成的商品和服务交易不存在替代品，那么互联网的作用是使新兴全球化市场实现超快增长。然而，这两种动态都取决于全球市场上的交易机会将有多大的机会在互联网搜索中被呈现，从而引起买家的注意。因此，注意力成了社会经济系统中最具价值的商品，可以说，它决定了互联网带来的是超级竞争的挑战，还是超快增长的机遇。当人们注意到全球市场的机会时，我们将观察到经济中现有的结构被破坏，因为创造价值的关联被转移了，然后将观察到围绕那些能够通过提供世界级品质或独特利基的产品和服务，成功吸引到消费者注意力或抓住超快增长机会的个人和团体进行再协调。这样的情况很可能发生得比我们所习惯的还要快得多，通信速度如此之快，增长和新变化会在几个月，甚至几个星期，而不是几年或几十年的时间跨度内发生。

可以说，人工智能是我们按照自己的形象创造出来的技术。这种技术不仅模仿人类行为，还模仿在人类思维指导下的人类行为。它为以最少的劳动力投入扩大生产能力提供了重要的机会，因为它提供了可以简化为算法的任何人力劳动的替代品，而且这种替代品可以大大扩大人力劳动的生产可能性。随着人工智能的出现，人类劳动者和雇主之间创造价值的关联被转移给了人工智能软件和硬件的开发者，我们不能轻易忽视随之而来的大规模失业的可能性。但人工智能对人力劳动的替代性是有限的，这意味着某些种类的工作是有未来的，人工智能的作用是补足这些类别的工作者的能力，并极大地扩大后者可以形成的创造价值的关联结构的范围。目前的人工智能将补足而不是取代人类劳动者，因为执行生产计划需要行为主体在技术和策略发展方面运用判断力、发挥深层创造力，以及充分利用有关社会和物质世界的微妙而复杂的默会知识。随着人工智能取代它可以替代的人类劳动者，我们可能会观察到社会经济系统中现有的关联结构被破坏，然后围绕这些个人和团体进行再协调，这些个人和团体的劳动力供应能力取决于由人工智能补足的群体。人工智能会使这群劳动者的生产能力变得近乎无穷，并将以迄今难以想象的规模提供形成创造价值的交易联系的可能性。

区块链是一种不寻常的技术，因为它是一种制度技术，促进了去中心化的制度治理系统的私有化设计和发展。它有可能开创以社群为基础，解决需要制度治理的问题的新时代。要使服从创业行动产生的私人的、去中心化的制度治理的新区块链平台替代现有的平台，就要形成和协调这些平台在满足制度要求和提供补足方面的期望。这种技术首先将会在制度治理系统的层面带来破坏——在这个层面，经济的关联结构并没有像其所在的制度环境里那样发生特别大的变化。但是，当个人、团体和社群可以以私人创业行动产生的定制制度系统替换现有的制度系统时，我们可能会看到一种新的创造价值的结构出现，以填补这些群体期望以区块链为基础的制度技术能够填补的空白。在一个经过再协调的社会经济系统中，我们可能会看到比我们迄今习惯的更多种多样的定制制度安排，包括基于区块链的私人化系统，由个人、团体和社群设计和开发，为他们互动的平台提供制度治理机制。

每一项"超级技术"都将与其他技术相互作用，创造由第四次工业革命塑造的新的社会经济系统。互联网使真正的全球市场和集市平台出现，社会经济互动就发生于其中。它也使区块链成为可能，使形成适合这些平台以及能够应对个人、团体和社群所面临的挑战的制度治理系统。因此，区块链与互联网互动，为社会经济互动的全球平台的运作提供充分必要的条件，使在当前存在国家和地方管辖权冲突，并且这些冲突阻止了有效的治理解决方案出现的地方形成社会经济互动。同样的，互联网使人工智能能够在大片区域广泛分布，它们可能被嵌入物联网中，通过自动化和扩展信息处理能力，极大地提高生产系统的效率。互联网还产生并促进了大数据的分布，这使机器学习算法变为可能，并扩展了人工智能程序被校准，以及发现新的关系和相关性的能力。就像它可以使物联网成为可能，提高生产系统的效率一样，人工智能可以被嵌入基于区块链的物联网平台中，从而实现其内部交互的自动化，并实现由其协议产生的制度治理系统。

因此，随着互联网、人工智能和区块链等"超级技术"及出现的许多相关应用推动着第四次工业革命向前发展，我们将进入一个与我们所熟悉的完全不同的经济体系，即使是在这些技术出现的几十年之后。我们可能会观察到基于互联网的平台在全球范围内出现，个人、团体和社群运用区块链技术设计和开发制度治理系统，互联网平台会为这些平台内的社会经济互动服务。我们可能会观察到，人工智能使这些平台内的生产、交易和治理系统实现了实质性的自动化，在某种程度上，我们可能会看到，除了相当有限的一类劳动力外，其他所有的劳动力都被人工智能取代。这类相当有限的劳动力能够在技术和战略发展方面运用必要的判断力和深层创造力，以及有关社会和物质世界的微妙而复杂的默会知识，因此能够支持具有巨大创造价值的全球交易网络。然而，这种网络的建立将取决于能否成功地吸引注意力，能否成功地提供全球最佳的商品、服务的价格属性组合，或提供无可替代的独特利基产品。这将会是一个超级竞争和超快增长中持续快速变化的经济体。在这种经济中，个人、团体和社群将拥有沟通、生产和制度技术，使他们能够尝试建立前所未有的创造价值的交易系统。

我们的分析给出了理由，反驳了两种关于工业革命规模的技术进步的常见观点。对乐观主义者来说，我们的分析提出了一系列有待克服的挑战，这些严峻的挑战会使生活在第四次工业革命中的个人、团体和社群面临重大的困难。然而，对悲观主义者来说，我们的分析也提出了挑战，我们认为，生活在第四次工业革命中的个人、团体和社群很有可能轻松地实现商业繁荣、满足人们日益增长的物质需求。现在我们将继续详细说明第四次工业革命的转变可能形成的社会经济系统带来的挑战和机遇，然后用布里斯班俱乐部模型对如何减轻挑战，如何抓住机遇进行一些切合实际的分析。

新经济中的机遇与挑战

第四次工业革命的经济是全球社会经济互动的平台之一，这是由具有非凡生产力的自动化和去中心化生产系统以及定制的制度治理系统所实现的。在这个社会中，能否以这种方式建立创造价值的社会经济互动网络取决于能否获得稀缺的关注，这就需要人们具有运用判断力、创造力或默会知识发现全球独一无二的创造价值的才能，并且能够解决制度技术采用过程中的协调问题。第四次工业革命为我们提供了机遇和挑战，我们可以从系统建设的角度来应对这些机遇和挑战。

从布里斯班俱乐部模式的角度来看，在社会经济系统中创造价值是通过形成关联的构建系统的过程来实现的。组织变成了约翰·福斯特所说的"生产图"——一个支持特定生产能力的互动网络，这些互动网络被嵌套在一个互动网络中，在其中人们将生产系统的输出与他人进行交换。企业家成为组织内部关联的构造者，以支持其生产能力，组织外部支持其经济系统中价值创造的最重要力量或许在人们的头脑中。为了在社会经济体系中建立创造价值的联系体系，企业家必须在他们自己的头脑中，在他们为了支持生产所协调的团体或社群成员的头脑中，在他们的产出将会为其创造价值的人的头脑中，写入如何以及为什么要参与构建这些关联的信息。

第四次工业革命的"超级技术"为它们将改变的社会经济系统的构建提供了深远的机会。创造价值的交易系统可以建立在互联网通信技术带来的支持真正全球市场的平台上。在这些平台上交易的商品和服务的生产，可能几乎不需要借助在可访问大数据的物联网内运作的人工智能组织中的任何劳动力。这些创造价值的交易和生产系统可能会在区块链主导的定制制度系统中形成，区块链会支持而不是限制这些系统的形成。在互联网、人工智能和区块链的时代，不仅可能得到支持的系统的绝对规模将显著增加，而且它们在资源配置方面的运作效率和旨在支持这种配置的治理效率也将提高。个人、团体和社群以前从来不具备建立第四次工业革命提供的产生价值的交易系统的能力。

然而，第四次工业革命的"超级技术"也对它们将改变的社会经济系统的建设构成了严峻的挑战。只有当人们能够充分吸引那些可能为其创造价值的人的注意力，才能在互联网平台支持的全球市场中建立产生价值的交易系统，这需要能够把大量资源投入通信领域。如果这些系统基本上不会受这些平台内超级竞争的影响，那么也可以通过纳入现在不存在替代品的商品和服务的交易来建立。此外，考虑到支持这些系统的生产系统可以在一定程度上实现自动化，所以这些系统的操作并不特别需要劳动力。个人、团体和社群只有在能够在技术和战略发展方面提供必要的判断力、深层创造力以及这些系统所需要的有关社会和物质世界的微妙而复杂的默会知识的情况下，才能越来越多地在这些生产系统中获得有偿的工作。在形成和协调有关这些系统所满足的需求和它们所提供的补足的期望方面，人们在为可能因此出现的问题制定制度治理解决方案时面临着重大挑战。因此，虽然在第四次工业革命中，实现创造价值的系统能够带来前所未有的机会，但个人、团体和社群在发展使他们能够抓住这些机会的特质方面面临着重大挑战。

一方面，如果我们抓住这些已经发现的机会，那么我们将使第四次工业革命中的生活变成诱人的乌托邦。因此，我们非常想去探索要如何做才能抓住这些机会。另一方面，此时面临的挑战会让人联想到一个科技 – 封建的反乌托邦。因此，我们更想发现如何去减轻这些挑战。现在我们可以把布里斯班俱乐部模式作为一个框架，就如何制定战略来抓住机遇，减轻挑战形成实用的观点，然后在应用这些观点时，促进规模惊人的全球价值生成网络系统的建立。

抓住机遇和减轻挑战的策略

要在第四次工业革命中抓住机遇，就必须建立由"超级技术"驱动的创造价值的交易系统，并克服这些技术同时带来的挑战。这就需要利用互联网的全球平台、人工智能的生产能力和区块链的制度治理，在全球范围内构建创造价值的交易网络。要做到这点，需要克服以下情况带来的挑战：成功夺取关注的临界状态、全球市场的超级竞争、除种类非常有限的劳动力外所有人被自动化的可能，以及制度治理预期的协调。这要求在生产组织内建立创造价值的关联网络，使其能够支持全球市场中创造价值的交易网络，这就需要在如何以及为什么要在市场双方和组织内部建立这些联系的信息范围内构建关联。

因此，正如洛阿比（Loasby）在有关布里斯班俱乐部视角的重要论文中所承认的，抓住这些机遇并减轻这些挑战，在很大程度上是发展如何以及为什么要组织社会经济互动以实现某些目标的知识的问题。2006 年，厄尔在一篇重要论文中提出，在经济系统中构建创造价值的网络系统，前提是要知道如何满足生产技术和消费生活方式所带来的不可替代性，以及需要的能力先决条件，以便能够实现补足，从而创造有价值的商品或服务。也就是说，生产技术对生产过程提出了一定的要求，需要在特定的时间和特定的条件下为组织的某些成员提供某些装置，他们才能生产有价值的商品或服务。当这些能力先决条件得到满足时，组织就可以通过生产过程的各个部分建立互补性，使产品或服务对客户更有价值。关于这些能力先决条件的逻辑和组织知识可以得到满足，组织运作得以协调，就可以实现互补性，因此需要在整个组织内建立和协调互补性，以便建立创造价值的交易网络。

抓住第四次工业革命带来的机遇以及缓解其挑战，不仅包括在社会经济网络中建立创造价值的交易系统，而且还包括维护这些系统。我们已经看到，在微观、中观、宏观视角的背景下，随着基于如第四次工业革命中的"超级技术"的新技术的出现，经济不断受到颠覆。经济系统内的创造价值的交易网络不断受到颠覆性压力的影响，系统内的组织需要蒂斯（Teece）、皮萨诺（Pisano）和顺（Shuen）所提出的著名的"动态能力"，即进行再组织的能力，以整合性地对这些颠覆性压力做出反应。我们已经看到，在互联网促成的全球市场上，这种颠覆可能会以越来越规律、越来越迅速的方式发生。经济系统在动态和计算上都是复杂的。因此，对维持建立在社会经济网络内的创造价值的交易系统构成挑战的颠覆性事件，很可能以纳齐姆·尼古拉斯·塔利布口中著名的"黑天鹅"事件的形式出现。"黑天鹅"事件产生于不确定性，这些不确定性并没有被构建任何预期——它们是相当不可预见和难以预测的。为了维持建立在社会经济网络内的创造价值的交易系统，这些系统必须至少足够强大，以控制颠覆所带来的潜在的不确定性。但如果这些系统能显示塔利布所说的"抗脆弱性"，那就更好了。创造价值的抗脆弱性交易系统将会发展，以应对不确定性和黑天鹅事件。

我们可以采取行动克服挑战，以实现这些机会，在个人、团体和社群层面建立和维持创造价值的系统。个人层面的问题主要是心理上的，即提高自己的知识水平，培养反脆弱型人格，以在创造价值的交易系统中占有一席之地，并维持这个系统。团队层面的问题是组织性的，即确保生产系统的组织方式能实现，允许互补性被利用，并确保组织拥有一种抗脆弱的心态，使生产系统得以获得协调和维护。社群层面的问题是制度性的，即将区块链用作一种制度技术来进行治理，通过形成和协调对于它将提供的解决方案的预期，使价值创造和分配得以进行。

个人层面：寻求"经典"教育，培养抗脆弱型人格

随着第四次工业革命中的"超级技术"不断涌现，个人在抓住机遇建立创造价值的交易网络时面临着最重大的挑

战。个人面临着构建创造价值的关联系统的挑战，这些挑战是因为（企业）必须在全球市场上赢得关注，开发提供商品和服务的独特才能，协调组织系统网络的形成和解决治理问题的制度的出现而形成的。如果一个人无法赢得关注，无法开发提供商品和服务的独特才能，无法协调他们所服从的生产组织和治理，就无法在全球市场上构建网络，这样他们就只会迷失在信息的海洋中，被世界级的竞争淹没，无法在稳定的治理环境中生产商品或提供服务。但也许最重要的是，个人面临着建立创造价值的关联系统的挑战，这些挑战是由在技术和战略发展中行使判断力、发挥深层创造力以及应用社会和物质世界中微妙而复杂的默会知识的必要性所带来的。如果没有这些能力，个人将无法长久地提供有偿的劳动，最终会被人工智能取代。

有趣的是，布里斯班俱乐部的建议（这里我们再次大量借鉴了布伦丹在别处发表的研究）是，通过持续接受过去所谓的"经典"教育，个人可以很好地克服这些挑战，抓住第四次工业革命带来的机遇。"经典"教育是赋予学生关于物质世界和人类社会的高度普遍和广泛的知识的教育。它包括科学教育和数学教育，但也包括历史、哲学、语言、文学、音乐、艺术和体育活动方面的教育。布里斯班俱乐部模型认为，"经典"教育为个人提供了构建创造价值的交易系统所需的知识，也能帮助他们培养"抗脆弱型人格"，可以帮助他们维持抗脆弱的价值生成交易系统。

"经典"教育对个人的知识有明显而直接的影响，这使他们能够吸引买家的注意力，协调生产组织和制度，但它也对开发一种独特的才能做出了某种更微妙的贡献。从本质上讲，"经典"教育包含修辞与艺术设计相结合的教育，或者在现代，我们称为营销。它还包括有关人类组织和制度的教育，因为它包含了历史和哲学研究。但正如彼得·蒂尔（Peter Thiel）提出的那样，通过开发生产不存在替代品的商品和服务的独特才能来避免竞争，并不是我们通常认为的特定利基领域的专业化问题。这种形式的独特性是想成为全球最佳。更确切地说，开发一种独特的才能，就是开发一种生产商品和服务的，来自一套个人特有知识的独特的才能组合。有趣的是，斯科特·亚当斯（Scott Adams）在他 2013年的回忆录中提出了"技能堆栈"的概念，以论证这种开发独特才能的方法的价值。"经典"教育提供了基础的一般性知识，这些知识以一种特殊的方式进一步关联在一起，可以支持一套独特的知识的发展，为独特的才能提供了基础。

在第四次工业革命中，个人在抓住机遇建立创造价值的系统时所面临的主要挑战——能够运用判断力、展示深刻的创造力，以及应用微妙而复杂的默会知识——也因"经典"

教育带来的一般性知识而大大减轻。在需要能够应用社会和物质世界的微妙而复杂的默会知识的必要性方面，效果是直接的——物质世界的默会知识是由"经典"教育中的物理教育发展而来的，人类社会的默会知识是由人文教育中的历史、文学、艺术和哲学研究所带来的。在需要能够在技术和策略发展方面运用判断力，发挥深层创造力的必要性方面，经典教育的贡献则更为微妙。

正如我们所看到的，亚瑟·库斯勒（Arthur Koestler）认为，创造力体现在"异类联想"（世界上迄今为止不存在的物体和事件之间的联系）的形成中。如果我们把判断理解为是陈述与其"真值"之间的联系的形成，那么我们也会理解这种异类联想也是运用判断力的表现。关于这些联系的起源，我们可说的不多。它们的性质超出了流程和程序的界限。然而，关于它们被写入大脑的可能性和引导行为的个人知识，我们可以说得更多，"经典"教育和它所创造的一般性知识有助于个人在技术和战略发展方面运用判断力和发挥深层创造力。根据布里斯班俱乐部的核心心理学模型，我们得知，那些会构成深层创造力或运用判断力的联系，如果被写入到大脑中，那么被写入的数量越少，它们建立在心理网络外围现有联系基础上的程度就越深，它们与任何特定环境唤起的想法相抵触的程度就越浅。

"经典"教育赋予个人一种普遍的知识，作为未来知识发展的基础。它提供了一套核心知识，因此新的知识只需要在其外围构建，将一般原则扩展为更专业的知识。通过提供一套核心知识，只需要较少的关联，其他任何一套知识就可以"变完整"，用以指导行为。因此，通过增加异类联想（如果运用判断力和发挥深层创造力被写入大脑，那么异类联想将会对判断力的运用和深层创造力的发挥有所体现）将被写入大脑的可能性，寻求"经典"教育和其中的一般性知识，个人能够更好地行使判断力和展示创造力。

我们已经确立个人通过寻求"经典"教育能获得的一般性知识，使个人能够很好地迎接挑战，抓住第四次工业革命带来的机遇，建立创造价值的关联系统。这赋予了他们如何吸引注意力的知识，使他们能够更好地开发提供商品和服务的独特才能，并帮助他们协调生产组织和他们所服从的治理。但这也能使他们更好地在技术和战略发展中运用判断力，发挥深层创造力，并运用人类社会和物质世界中微妙而复杂的默会知识——从而提供有偿的劳动。

此外，个人通过寻求"经典"教育获得的一般性知识也有助于"抗脆弱型人格"的发展，通过赋予这些系统抗脆弱的特性，帮助他们维护他们在经济系统中建立的创造价值的关联系统。为了使这些系统能够为了应对极端不确定性的表现而发展，关于它们如何以及为什么会如此发展的知识必须为了应对极端不确定性的表现而发展。抗脆弱型人格是这样一种人格：当黑天鹅事件（极端不确定性的表现）将这些想法呈现在大脑中时，关于黑天鹅事件以及如何应对这些事件的知识被写入大脑的可能性将最大化。

如果我们将布里斯班俱乐部模型提供的关于新思想将被写入大脑的可能性的分析"倒转"过来，我们就能发现什么是抗脆弱型人格。具备这种人格的人掌握了广泛的常识，这些常识提供了一个基础，在此基础上，新的思想可以建立在其外围而不与它们相矛盾。在这方面，"经典"教育直接有助于培养抗脆弱型人格，因为它赋予了个人重要的通识教育，在此基础上个人可以发展更多的专业知识。抗脆弱型人格的核心思维模式中也没有任何反对纳入新知识，认为这将威胁现有的信仰体系的想法。相反，抗脆弱型人格的核心包含有卡罗尔·德韦克（Carol Dweck）所称的著名的"成长型"心态，而不是"固定型"心态，这种心态与新知识的写入是一致的，而非不调和的。此外，抗脆弱型人格也会导致个体寻求根本不确定的表现，并予以关注，从而提高他们观察到那些会使他们的知识切实增长的想法的可能性。布伦丹在别处提出，抗脆弱型人格与约瑟夫·坎贝尔（Joseph Campbell）和乔丹·彼得森（Jordan Peterson）在其著作中详细讨论的"英雄"原型是同形的，或者是一种以反映科学过程的伦理体系为特征的"科学型"人格。

第四次工业革命带来的挑战是抓住机遇，建立和维护创造价值的交易网络。因此，在个人层面上，通过寻求"经典"教育赋予的一般性知识和培养抗脆弱型人格，问题可以得到实质性的解决。这种教育赋予寻求者高度普遍和广泛的自然科学知识，也有历史、哲学、语言、文学、音乐、艺术和物理活动的知识。由此获得的知识有助于个人开发利用互联网平台和区块链制度系统构建创造价值的交易系统所需的营销和组织知识，也有助于个人培养他们有关物质世界和社会世界的默会知识，以及他们运用判断力和展示创造力的能力。这样，人工智能就会补足而不是替代他们在这些系统中的劳动。此外，"经典"教育还有助于培养抗脆弱型人格。抗脆弱型人格，其特征是拥有广泛的一般性知识、"成长型"心态、向外的好奇心和对世界的强烈关注，这种人格会教会人们如何以及为什么要在黑天鹅事件中维持创造价值的交易系统不断发展的知识。那些寻求"经典"教育所赋予的一般性知识并培养出抗脆弱型人格的人，能够更好地克服挑战，抓住第四次工业革命的"超级技术"所提供的机遇，构建巨大规模的创造价值的关联系统。

团体和组织层面：建立补足，培养抗脆弱型心态

在团体层面，抓住第四次工业革命的"超级技术"所带来的机遇，就是要协调组织中个人的行动，以确保满足能力先决条件，提供补足，支持构建创造价值的交易网络。在经济日益混乱的情况下维持这个系统，会对在整个组织内培养一种抗脆弱型心态构成挑战。我们已经看到，建立这样的创造价值的交易网络，也会对在组织内增长知识构成挑战，即如何通过组织内不同个人的互动来提供补足所必需的能力先决条件。维持这个系统就会对在组织内部培养抗脆弱型心态构成挑战。这样，在黑天鹅事件发生的同时，如何组织互动以满足能力先决条件并提供补足的知识就会增长。

从布里斯班俱乐部模型的视角来看，尤其是厄尔和韦克利指出，组织在任何环境中构建创造价值的交易网络时，面临的主要挑战是实现对客户的补足。组织产品提供的捆绑商品和服务的各种特性之间存在补足性，与不捆绑时相比，前者更可取，从布里斯班俱乐部模型中我们知道，这可能是行为的一个决定因素。这种补足是由消费者的生活方式产生的，在组织内部通过个人行动，在特定时间和特定条件下提供特定工具来满足必要的能力先决条件，从而实现生产补足，这将有助于向客户提供这些产品。自然地，即使追求了

通才知识，能够克服第四次工业革命带来的挑战，个人也会有不同的倾向和能力，通过他们的行动来满足能力先决条件。所以，在组织个人行动方面，存在的挑战是，发展知识并在组织中协调如何采取个人行动才能有助于满足能力先决条件，在组织系统的各个点实现生产补足，从而为客户提供补足性，这将支持创造价值的交易网络的形成。建立这些知识并在整个组织中协调这些知识的一个很好的实用方法是应用西蒙·斯涅克（Simon Sinek）的"从为什么开始"的管理理论。组织最终的目标——实现补足，并为其客户提供产品，可以在逆向归纳过程中提供定位点，确定在组织的每个定位点必须满足哪些能力先决条件的知识，以构建生产补足，最终支持这些消费补足。

在第四次工业革命中，这种组织知识必须具有特殊的特征，超越协调组织和在社会经济网络中建立创造价值的交易所需的一般知识。在组织内部实现消费补足所必需的生产补足需要满足第四次工业革命的"超级技术"所带来的新的能力先决条件。过去，组织知识往往是由个人如何应用生产技术将投入转化为产出以满足能力先决条件的知识组成。在第四次工业革命中，人工智能能够而且应该在生产技术的应用中取代人类劳动者，在显著扩大生产能力的同时，节约劳动力，将其解放出来，使其扮演组织中人工智能无法替代的其他角色。组织知识将更多地包括个人可以如何在技术和战略发展中运用判断力、展示创造力、在物质和社会活动中运用默会知识来补足人工智能，以满足能力先决条件的方法——进而在竞争超级激烈的全球市场中获得生产和消费的补足性，以在全球范围内争夺消费者的注意力。组织知识将需要包括以下知识：如何协调组织内部的个人活动，以使组织在全球互联网市场上赢得顾客的充分关注；以及如何协调个人活动，以使组织产品具有一组独特的属性，为消费者实现独特的补足。如果组织知识可以包括如何利用基于区块链的制度系统的知识，通过在目标人群中形成和协调交易网络，促进创造价值的交易系统的建立，组织的能力将得到进一步的扩展。

因此，布里斯班俱乐部模型表明，如果能够发展和协调关于如何利用人工智能补足劳动力阶层的组织知识，以产生一组独特的属性和补足性，并在全球市场上获得充分的关注，那么在生产系统中被这样组织起来的群体将能够抓住第四次工业革命的"超级技术"所带来的机遇。它们将克服第四次工业革命的技术所带来的挑战，并建立起规模迄今难以想象的创造价值的交易网络。现在，为了在第四次工业革命中即将出现的日益混乱的社会经济系统里维持这些网络组织知识必须具有抗脆弱性。

组织知识的抗脆弱性的基础是管理其内部互动的制度的抗脆弱性。因此，确定组织内何种行动恰当的制度必须促进组织内知识的增长。这些制度必须促进和鼓励组织内个人所具有的抗脆弱型人格，当这些制度内化成为个人头脑中的知识结构时尤其如此。为了做到这一点，在组织内部确定何种行动恰当的制度，必须促进整个组织广泛的一般性知识的发展，鼓励个人发展"成长型"心态而不是"固定型"心态，培养他们向外的好奇心和对世界的强烈关注。这不是一件容易的事，因为我们已经看到，抗脆弱型人格是一种不断寻求发现新知识并将其应用于行动的人格。这是一种本质上具有高度创造力的人格，这与组织对这种创造力反感的普遍趋势相违背，詹妮弗·米勒（Jennifer Mueller）在她关于组织对内部成员个人创造力的态度的文献调查中报告了这种现象。然而，布里斯班俱乐部模型表明，随着第四次工业革命的进展，经济环境变得日益混乱，那些在组织知识范围内开发培养抗脆弱型心态的制度的组织，能够更好地维护和发展他们在这种背景下建立的创造价值的交易网络。

因此，通过发展关于如何确保满足获得生产和消费补足的能力先决条件的组织知识，以及培养抗脆弱型心态的制度，在组织内的个人所组成的团体层面，第四次工业革命为构建和维护创造价值的交易网络提供的机会就可以被充分抓住，由此带来的挑战也可以被克服。如果组织能够发展和协调有关如何利用人工智能补足的劳动力，生产出一组独特的属性和补足性，并获得充分的关注，以在全球市场中被注意到的知识，就将能够抓住第四次工业革命的"超级技术"所带来的机会，构建巨大的创造价值的交易网络。采用了这样的制度，即通过促进在组织内发展广泛的一般性知识来培养组织的抗脆弱型心态的组织会鼓励组织内的个人形成"成长型"心态，而不是"固定型"心态，培养员工向外的好奇心和对世界的强烈关注，进而能够维持这些网络。发展和协调此类组织知识，并采用此类制度的组织，将能够更好地克服挑战，抓住第四次工业革命的"超级技术"为构建具有深远规模的价值创造关联体系所提供的机遇。

社群层面：通过形成和协调治理解决方案的预期，利用区块链进行制度治理

在社群层面，第四次工业革命的"超级技术"带来了机遇，特别是区块链使定制的制度治理的出现成为可能。服从制度系统的社群可以更好地对其进行设计，这将促进创造价值的交易网络的形成和维持。区块链支持的创业行动使去中心化的制度治理成为社群层面问题的解决方案。基于区块链的制度治理系统可以通过为组织内部治理提供新的制度技术

来促进创造价值的经济交易网络的形成。但是，它们也可以被用来促进创造价值的经济交易网络的形成，通过向社群提供一种新的制度技术，来提供应对第四次工业革命的"超级技术"所带来的颠覆所造成的社会问题的解决方案。为了克服技术带来的挑战，抓住技术带来的机遇，我们需要在社群层面采取创业行动，形成和协调有关区块链支持的制度系统将提供的解决方案的期望。

基于区块链的制度治理系统通过为组织提供新的制度治理技术，促进了创造价值的新交易系统的出现。特别是，它允许在组织内外建立新的供应链形式，相对于公司内部现有的命令和控制制度，将其形式去中心化和去层级化。通过提供可以凭借算法自动签订和执行智能合约的平台，它使更复杂的合约形式得以出现，涵盖世界上更多的国家，合同变得更完整，而且可以确定合同事实，从而降低了仲裁成本。它还实现了有关仲裁与合约合规的定制化管理，以满足将在其中互动的个人的需求。在社群层面利用基于区块链的制度治理系统降低了个人和组织之间谈判的交易成本，从而促进了创造价值的交易网络的形成。

基于区块链的制度治理系统也促进了新的创造价值的交易系统的出现，为社群提供了新的制度治理技术，可能为第四次工业革命的"超级技术"造成的颠覆所引发的社会问题提供解决方案。甘斯和利（Leigh）在不同的背景下提出，第四次工业革命的"超级技术"对现有经济交易网络造成的颠覆，在很大程度上可以通过发展保险合约网络来解决。收入、医疗和教育的安全可以由福利国家的集中化强制保险系统来保证，但区块链为发展定制化制度治理系统的创业行动提供了机会，这导致了私有化和去中心化的保险系统出现。区块链可以充当智能合约的智能账本，记录与保险相关的权利、义务和授权，作为私有化、去中心化的福利系统的一部分，为收入、医疗和教育提供保障。波茨、汉弗莱斯和克拉克讨论了通过将智能合约嵌入基于区块链的智能账本，区块链甚至可能实现定制化、私有化和去中心化的全民基本收入计划的发展。因此，通过在社群层面利用基于区块链的制度治理系统，我们可能会发现更多定制化的紧急解决方案，保护我们免受第四次工业革命的"超级技术"带来的颠覆的影响。

抓住这些机遇，利用区块链技术形成解决社群层面问题的制度治理，并促进组织和社群层面保险计划内创造价值的交易系统的形成，需要创业行动来克服某些挑战。创业行动产生的基于区块链的制度治理系统将促进有关创造价值的交易网络的预期必须形成，然后在所有将在其中互动的人群之间进行协调。更具体地说，通过在区块链上实施的制度治理系统来降低交易成本的预期，必须在可能在其中互动的组织和个人的群体中形成并协调。同样的，收入、医疗和教育的安全将通过使用区块链的制度治理系统得到充分保障，这种期望必须在社群中分摊风险的组织和个人群体中形成和协调。如果创业行动开发了基于区块链的制度治理系统，可以形成并协调社群层面的期望，然后就可以在社群层面利用区块链为需要制度治理的问题提供定制化、私人化和去中心化的解决方案。社群层面的创业行动可以形成和协调这种期望的程度越高，就越有可能克服区块链带来的挑战，抓住它提供的机遇。

小结：第四次工业革命带来的机遇和挑战及如何应对

在本章中，我们对第四次工业革命的"超级技术"进行分析，预测了未来可能的经济前景。我们看到，未来的经济与我们现在所习惯的经济截然不同。我们将观察到基于互联网的平台出现——支持真正的全球范围内的社会经济互动，并且由在其中互动的个人和组织组成的社群设计和开发基于区块链的定制制度治理系统。我们将观察到人工智能使生产、交换和治理系统实现一定规模的自动化，带来巨大的生产可能性，可以替代除能够在技术和战略发展中运用判断力、发挥深层创造力，应用人类社会和物质世界中微妙而复杂的默会知识的有限的劳动阶层之外的所有人。这将使创造价值的交易网络得以出现，其对劳动力的需求会前所未有的少。然而，这些网络能否形成将取决于（人们）能否在全球争夺注意力的斗争中取得成功，并提供全球最佳的价格和属性组合或在全球市场内独一无二的商品。这将会是一个由于超级竞争和超快增长而不断受到影响的日益混乱的经济。

我们还汇总分析了新经济带来的各种挑战和机遇。我们看到，第四次工业革命为全球市场的超快增长提供了一些深刻的机会，个人创业行动带来了惊人的生产可能性和定制化的制度治理。它使个人和团体以迄今难以想象的规模建立创造价值的交易网络，而且使社群为他们面临的各种问题开发制度治理解决方案。然而，我们也看到，第四次工业革命也给个人、团体和社群带来了巨大的挑战。在竞争超级激烈的全球市场中，争夺注意力成了核心的问题。自动化范围的扩大甚至挑战了传统上最稳定的工作。区块链为制度治理的出现提供了机会，这带来了一个挑战，整个社群需要形成和协调有关他们所服从的制度治理所提供的解决方案的期望。然后，我们利用布里斯班俱乐部模型的核心行为和制度模型，就个人、团体和社群可能采取的策略提出建议，以克服第四次工业革命的"超级技术"带来的挑战并抓住它们带来的机遇。

在个人层面，个人将面临最重大的挑战，也可以抓住构建创造价值的交易网络所带来的巨大机遇，并通过寻求"经典"教育带来的广泛和通才的知识来大体上克服这些挑战。"经典"教育带来的这样的一套知识有助于个人学会控制注意力，开发一套独特的技能，并在技术和战略发展中运用判断力，发挥创造力，应用有关物质世界和人类社会的默会知识。这一知识体系使个人能大体上克服第四次工业革命带来的挑战，抓住机遇，构建创造价值的交易网络。"经典"教育赋予的知识也有助于培养一种抗脆弱型人格，其特征是广泛的一般性知识、"成长型"心态、外向的好奇心和对世界的强烈关注。这种人格会促进个人知识的增长，以应对世界上的不确定性，并使个人能够维持他们已经建立的创造价值的交易系统。

在团体层面，团队能够发展关于如何确保满足获得生产和消费补足性的能力先决条件的组织知识，抓住第四次工业革命带来的机遇，培养抗脆弱型心态的组织可以克服第四次工业革命带来的挑战。第四次工业革命带来的独特挑战可以通过发展组织知识来解决。具体来说，包括如何利用人工智能补足的劳动力阶层，生产一组独特的属性和补足性，并在全球市场上获得足够的关注。开发并协调这些知识的组织将能够更好地抓住第四次工业革命的"超级技术"带来的机会，以迄今难以想象的规模建立创造价值的交易网络。如果一个组织能够通过推动整个组织内一般性知识的广泛发展来培养抗脆弱型心态，鼓励组织内部的个人形成"成长型"而不是"固定型"心态，并培养员工外向的好奇心和对世界的强烈关注，那么这个组织就能够在社会经济系统日益混乱的情况下维持这些网络。

在社群层面，第四次工业革命为开发定制的、去中心化的制度解决方案提供了新的制度技术，这些解决方案需要私人的创业行动对其进行治理。定制的制度系统可以通过创业行动来开发，这降低了治理的交易成本，并促进了社群内的组织和个人形成新的创造价值的交易网络。但人们开发这些系统，也是为了确保能够对其所管辖的特定社群成员的收入、健康和教育情况进行统筹管理。能够形成和协调预期的创业行动更有可能克服采用这种制度技术所带来的问题，并抓住它所带来的机会，开发需要治理的社群层面问题的解决方案。

我们把布里斯班俱乐部模型作为框架对第四次工业革命的"超级技术"进行了分析，提出了一些建议，由此为我们描绘了关于未来经济的图景。这些分析也为我们提供了如何在第四次工业革命中找到前进方向的指南：如何克服它带来的挑战和破坏，以及如何抓住它提供的深刻机遇。从某种意义上说，我们描绘了一幅可能的未来图景，提供了一份个人、团体和社群可以如何采取行动以确保第四次工业革命更接近丰饶的乌托邦而不是科技－封建反乌托邦的指南。

尾声
关于参与美丽新世界并制订应变计划的呼吁

本书开篇时，我们将狄更斯著名的《双城记》的开头与现代经济作了比较。我们生活在这样一个世界里，仿佛它既处于最好的时代，也处于最坏的时代。它是一个充满希望的世界，也是一个充满恐惧的世界。我们希望这本书能为这个正在经历第四次工业革命阵痛的世界提供一个独特而宝贵的视角。

我们对克劳斯·施瓦布关于第四次工业革命和技术创新聚合的作品进行了延伸。我们使用了通用目的技术的框架，从经济角度分析了第四次工业革命的问题，识别出了三项核心的"超级技术"，即不断发展的、无处不在的互联网，以及人工智能和区块链，三者为各种商业应用奠定了基础，并使之成为可能，目前这些应用正在推动我们的经济系统进行根本性结构转型。

然后，我们应用了布里斯班俱乐部模型，将社会经济系统视为复杂的、不断进化的，由个人根据其心理和所处社会经济环境采取行动而形成，由技术实现的网络。结合对于工业革命终极目标的分析，将其视为旨在帮助人们实现其目标的创造价值的现象，该模型使我们能够确立这样一种观点，即这三种技术是如何独立和共同驱动更广泛的社会经济生态系统中的结构动态的。

换句话说，这种方法允许我们使用一个连贯而独特的经济框架，结合心理学、制度和进化的观点，将一个极其复杂的现代现象简化，呈现其核心动力。由此产生了以理论为基础的对第四次工业革命的系统分析，我们认为这是对由于其归纳案例研究的倾向而趋于碎片化的文献体系有价值的一部作品。

我们相信，顾问、经理、高管、政策制定者和感兴趣的普通读者都会从本书的内容中获得价值。第四次工业革命正在从根本上改变我们的社会经济系统的结构和运作，创造成功的生活或商业的新机会正在打开。它为利用其技术来扩大人类构建创造价值的交易网络的能力范围提供了巨大的机会，但它也对个人、组织和社群提出了深刻的挑战。

我们所做的工作使我们能够识别这些机遇和挑战，并制定切实可行的战略，通过这些战略，我们可以抓住机遇，减轻挑战。读者们，我们希望这本书能让你以一种乐观和充满希望的态度面对这个美丽的新世界。

个人将继续面临深刻的挑战，要在喋喋不休的人群中脱颖而出，在周遭不断酝酿的混乱中被听到。在竞争激烈的全球市场中，个人很容易迷失方向。解决这个问题的最佳方法是抓住从创造价值的全球交易网络中显现出来的许多前所未有的机会。个人也可以通过追求通才知识和"经典"的自我教育，以帮助自己在混乱中找到方向，发展合理的判断力，并培养在新兴的工作场所梦寐以求的可迁移技能。建立抗脆弱型人格，培养成长型心态和深层的好奇心，将有助于个人维持他们的价值创造交易系统。

作为由个人组成的群体，公司和组织最好发展和管理组织知识和文化，包括适应、自动化和改变，但仍植根于其核心价值观。经济学原理表明，当自动化技术被用于增强而不仅仅是取代人类劳动者时，往往会取得良好的结果。通过更全面地理解人类行为的七个第二终极目标，以及隐含的价值层级，组织将发现团体内外，及其客户的行为动力是什么。在商业意义上最能满足人们需求的组织将是最成功的，这样的组织将会在竞争超级激烈的全球市场中取得突破，而且将在未来很长一段时间内经受住第四次工业革命的考验。

整个社群可以明智地利用新的制度技术，探索采用定制的、去中心化的解决方案，以解决需要通过个人的创业行动进行治理的问题。通过降低治理的交易成本，可以为创建社群网络创造全新的机会，为参与者创造价值。强大的社群对于社会抵御住第四次工业革命迄今为止和即将带来的所有破坏性力量来说至关重要。

值得记住的是，第四次工业革命的技术支持下的复杂经济系统本身仍然容易因为人为行动或自然因素而失败。第四次工业革命的每一项技术最终都依赖于物理基础设施，考虑到现代社会和商业在很大程度上是基于物理基础设施的，对这种基础设施完整性的妥协会带来巨大的风险。个人、组织和社群不应过度沉迷于新技术的希望，而忘记了其失败可能会带来的风险。谨慎的做法是确保在低技术参与的关键系统中建立足够的冗余度，以便将不可预见的基础设施故障造成的灾难性社会和经济后果降至最低。

例如，大规模太阳耀斑半规律性地出现，可能会在很长一段时间内扰乱电网和不受保护的电子设备。一个著名的例子发生在 1989 年 3 月，当时一场地磁暴使加拿大魁北克（Quebec）的电网断电。如果如今发生类似或更糟糕的事件，那么发生的经济损失和基本服务中断将可能是灾难性的。许多最重大的灾难性事件尚未出现，只是因为世界在过去 30 年里才开始依赖数字基础设施。2019 年 1 月，一条为岛国汤加（Tonga）提供互联网接入的海底电缆被破坏，这使该岛屿的电网断电，对企业的运转和社区生活造成了大规模的破坏。许多人还没有准备好替代性的通信方式，这鲜明地提醒我们，在我们生活的这个危险的世界里，我们所依赖的现代技术实际上是多么的容易受到破坏。据报道，俄罗斯等一些国家甚至进行了测试，看看他们的经济和社会能否在被切断俄罗斯以外的所有网络的情况下，承受住一种实际上自给自足的状态。

威胁的来源并不完全是自然，也可能来自恶意的人类行为。一些全球计算机系统可能会被复杂的恶意软件破坏，比如 Stuxnet，它具有造成严重破坏的能力。重要数据库和计算机网络通过互联网的相对可访问性也为网络战、干预国家选举和重大数据盗窃提供了新的机会。个人、团体和社群抵御像协同网络攻击这样的极端事件的能力对于保护第四次工业革命在未来几年取得的进步来说至关重要。我们希望，许多新问题将在未来几年或几十年里得到解决，在寻找部署新技术的方法时，人们不仅要思考什么是最高效的，而且要思考什么是最有效的，特别是最合乎道德的。

参考文献 |

绪论

Brynjolfsson, Erik and McAfee, Andrew, (2011) *Race Against the Machine*, Digital FrontierPress, Lexington.

Brynjolfsson, Erik and McAfee, Andrew, (2014) *The Second Machine Age*, W.W. Norton &Co., New York.

Brynjolfsson, Erik and McAfee, Andrew, (2017) *Machine, Platform, Crowd*, W.W. Norton &Co., New York.

Dopfer, Kurt, Foster, John and Potts, Jason, (2004) "Micro-meso-macro", *Journal of Evolutionary Economics,* 14(3), pp. 263–279.

Dopfer, Kurt and Potts, Jason, (2008) *The General Theory of Economic Evolution*, Routledge,London.

Earl, Peter and Wakeley, Tim, (2010) "Alternative perspectives on connections in economic systems", *Journal of Evolutionary Economics*, 20(2), pp. 163–183.

Foster, John, (2005) "From simplistic to complex systems in economics", *Cambridge Journalof Economics*, 29(6), pp. 873–892.

Lipsey, Richard G., Carlaw, Kenneth I. and Bekar, Clifford T., (2005) *Economic Transformations:General Purpose Technologies and Long-term Economic Growth*, Oxford UniversityPress, Oxford.

Potts, Jason, (2000) *The New Evolutionary Microeconomics*, Edward Elgar, Cheltenham.

Schwab, Klaus, (2016) *The Fourth Industrial Revolution*, World Economic Forum.

第一章

Acemoglu, Daron et al. 2014. "Return of the Solow Paradox? IT, Productivity, and Employmentin US Manufacturing." *American Economic Review: Papers & Proceedings* 104(5):394–399.

Aiyar, Shekhar, Carl Johan Dalgaard, and Omer Moav. 2008. "Technological Progress and Regress in Pre-Industrial Times." *Journal of Economic Growth* 13(2): 125–144.

Antonelli, Cristiano. 2003. "The Digital Divide: Understanding the Economics of New Information and Communication Technology in the Global Economy." *Information Economicsand Policy* 15(2): 173–199.

Ashraf, Quamrul, and Oded Galor. 2011. "Dynamics and Stagnation in the Malthusian Epoch." *American Economic Review* 101(5): 2003–2041.

Baten, Joerg, and Jan Luiten Van Zanden. 2008. "Book Production and the Onset of ModernEconomic Growth." *Journal of Economic Growth* 13(3): 217–235.

Berg, Maxine, and Pat Hudson. 1992. "Rehabilitating the Industrial Revolution." *The Economic History Review* 45(1): 24–50.

Berg, Peter, and Mark Staley. 2015. "Capital Substitution in an Industrial Revolution."*Canadian Journal of Economics* 48(5): 1975–2004.

Boserup, Ester. 1965. *The Conditions of Agricultural Growth*. Chicago, IL: Aldine Publishing.

Bowers, C. A. 2014. *The False Promises of the Digital Revolution: How Computers TransformEducation, Work, and International Development in Ways That Are Ecologically Unsustainable*.Bern, Switzerland: Peter Lang

Inc.

Bresnahan, Timothy F. 1986. "Measuring the Spillovers from Technical Advance: Mainframe Computers in Financial Services." *The American Economic Review* 76(4): 742–755.

Broadberry, S. et al. 2015. *British Economic Growth, 1270–1870.* Cambridge, MA: Cambridge University Press.

Brown, Richard. 1991. *Society and Economy in Modern Britain 1700–1850.* London:Routledge.

Cardona, M., T. Kretschmer, and T. Strobel. 2013. "ICT and Productivity: Conclusions from the Empirical Literature." *Information Economics and Policy* 25(3): 109–125.

Caruso, Loris. 2018. "Digital Innovation and the Fourth Industrial Revolution: EpochalSocial Changes?" *AI and Society* 33(3): 379–392.

Chaney, Eric, and Richard Hornbeck. 2016. "Economic Dynamics in the Malthusian Era:Evidence from the 1609 Spanish Expulsion of the Moriscos." *Economic Journal* 126(594):1404–1440.

Chatterjee, Shoumitro, and Tom Vogl. 2018. "Escaping Malthus: Economic Growth and Fertility Change in the Developing World." *American Economic Review* 108(6): 1440–1467.

Chow, Gregory C. 1967. "Technological Change and the Demand for Computers." *The American Economic Review* 57(5): 1117–1130.

Clark, Gregory. 2002. "Shelter from the Storm: Housing and the Industrial Revolution,1550–1909." *The Journal of Economic History* 62(2): 489–511.

Crafts, N. F. R., and Terence C. Mills. 1994. "Trends in Real Wages in Britain, 1750–1913."*Explorations in Economic History* 31(2): 176–194.

Dalgaard, Carl Johan, and Holger Strulik. 2013. "The History Augmented Solow Model."*European Economic Review* 63: 134–149.

Dalgaard, Carl Johan, and Holger Strulik. 2016. "Physiology and Development: Why the West Is Taller Than the Rest." *Economic Journal* 126(598): 2292–2323.

Dirican, Cüneyt. 2015. "The Impacts of Robotics, Artificial Intelligence On Business and Economics." *Procedia – Social and Behavioral Sciences* 195: 564–573.

Doepke, Matthias. 2004. "Accounting for Fertility Decline During the Transition to Growth." *Journal of Economic Growth* 9(3): 347–383.

Feinstein, Charles H. 1998. "Pessimism Perpetuated: Real Wages and the Standard of Living in Britain during and after the Industrial Revolution." *Journal of Economic History* 58(3):625–658.

Fogel, Robert William. 2004. *The Escape from Hunger and Premature Death, 1700–2100:Europe, America, and the Third World.* New York: Cambridge University Press.

Fouquet, Roger, and Stephen Broadberry. 2015. "Seven Centuries of European Economic Growth and Decline." *Journal of Economic Perspectives* 29(4): 227–244.

Galindev, Ragchaasuren. 2011. "Leisure Goods, Education Attainment and Fertility Choice." *Journal of Economic Growth* 16(2): 157–181.

Galor, Oded. 2005. "From Stagnation to Growth: Unified Growth Theory." pp. 171–293 in *Handbook of Economic Growth*, edited by Philippe Aghion and Steven Durlauf. Amsterdam,Netherlands: Elsevier.

Galor, Oded. 2011. *Unified Growth Theory.* Princeton, NJ: Princeton University Press.

Galor, Oded, and David N. Weil. 2000. "Population, Technology, and Growth: FromMalthusian Stagnation to the Demographic Transition and Beyond." *American Economic Review* 90(4): 806–828.

Garifova, L. F. 2015. "Infonomics and the Value of Information in the Digital Economy."*Procedia Economics and Finance* 23(October 2014): 738–743.

Gordon, Robert B. 1996. *American Iron, 1607–1900*. Baltimore: Johns Hopkins University Press.

Granger, Clive W. J. 1969. "Investigating Causal Relations by Econometric Models andCross-Spectral Methods." *Econometrica* 37(3): 424–438.

Hansen, Gary D., and Edward C. Prescott. 2002. "Malthus to Solow." *The American Economic Review* 92(4): 1205–1217.

Hartwell, R. M. 1961. "The Rising Standard of Living in England, 1800–1850." *The Economic History Review* 13(3): 397–416.

Hartwell, R. M. 1971. *The Industrial Revolution and Economic Growth*. London: Routledge.Hobsbawm, Eric. 1962. *The Age of Revolution: Europe 1789–1848*. London: Weidenfeld and Nicolson.

Hobsbawm, Eric. 1975. *The Age of Capital: 1848–1875*. London: Weidenfeld and Nicolson.Hopkins, Eric. 2000. *Industrialisation and Society: A Social History, 1830–1951*. London:Routledge.Horn, Jeff, Leonard N. Rosenband, and Merritt Roe Smith, eds. 2010. *Reconceptualizing the Industrial Revolution*. Cambridge, MA: MIT Press.

Hudson, Pat. 1992. *The Industrial Revolution*. London: Edward Arnold.

Hull, James. 1999. "The Second Industrial Revolution: The History of a Concept." *StoriaDella Storiografia* 36(2): 81–90.

Inikori, Joseph E. 2002. *Africans and the Industrial Revolution in England: A Study in InternationalTrade and Economic Development*. Cambridge,

England: Cambridge University Press.

Jorgenson, Dale W. 2001. "Information Technology and the U.S. Economy." *The AmericanEconomic Review* 91(1): 1–32.

Jorgenson, Dale W., and Kevin J. Stiroh. 2014. "Productivity Growth: Current Recovery and Longer-Term Trends." *The American Economic Review* 89(2): 109–115.

Klemp, Marc, and Niels Framroze Møler. 2016. "Post-Malthusian Dynamics in Pre-IndustrialScandinavia." *Scandinavian Journal of Economics* 118(4): 841–867.

Komlos, John, and Brian Snowdon. 2005. "Measures of Progress and Other Tall Stories:From Income to Anthropometrics." *World Economics* 6(2): 87–136.

Kuznets, S. S. 1959. *Six Lectures on Economic Growth*. New York: Free Press.

Lakwete, Angele. 2005. *Inventing the Cotton Gin: Machine and Myth in Antebellum America*.Baltimore: Johns Hopkins University Press.

Landes, David S. 1998. *The Wealth and Poverty of Nations: Why Some Are So Rich and Some So Poor*. New York: W. W. Norton & Co.

Landes, David S. 1969. *Unbound Prometheus: Technological Change and Industrial Developmentin Western Europe from 1750 to the Present*. Cambridge, England: Cambridge UniversityPress.

Levy, Frank, and Richard J. Murnane. 1996. "With What Skills Are Computers a Complement?"*American Economic Review* 86(2): 258–262.

Litan, Robert E., and Alice M. Rivlin. 2001. "Projecting the Economic Impact of the Internet." *American Economic Review* 91(2): 313–317.

Madsen, Jakob B., James B. Ang, and Rajabrata Banerjee. 2010. "Four Centuries of BritishEconomic Growth: The Roles of Technology and Population." *Journal of Economic Growth* 15(4): 263–290.

Madsen, Jakob B., and Fabrice Murtin. 2017. "British Economic Growth since 1270: The Role of Education." *Journal of Economic Growth* 22(3): 229–272.

Malthus, Thomas. 1798. "An Essay on the Principle of Population." 1–134.

Mantoux, Paul. 1928. *The Industrial Revolution in the Eighteenth Century.* New York: Evanston1961; First English ed. 1928, first French ed. 1905.

Mokyr, Joel, ed. 1985. *The Economics of the Industrial Revolution.* London: George Allen &Unwin.

Møler, Niels Framroze, and Paul Sharp. 2014. "Malthus in Cointegration Space: Evidence of a Post-Malthusian Pre-Industrial England." *Journal of Economic Growth* 19(1): 105–140.Morison, Elting E. 1966. *Men, Machines, and Modern Times.* Cambridge, MA: MIT Press.

Musson, Albert Edward, and Eric Robinson. 1989. *Science and Technology in the IndustrialRevolution.* Taylor & Francis.

Nielsen, Ron W. 2016. "Unified Growth Theory Contradicted by the Mathematical Analysisof the Historical Growth of Human Population." *Journal of Economics and Political Economy* 3(2): 242–263.

Overton, Mark. 1996. *Agricultural Revolution in England: The Transformation of the AgrarianEconomy 1500–1850.* Cambridge, MA: Cambridge University Press.

Özak, Ömer. 2018. "Distance to the Pre-Industrial Technological Frontier and Economic Development." *Journal of Economic Growth* 23.

Pabilonia, Sabrina Wulff, and Cindy Zoghi. 2005. "Returning to the Returns to Computer Use." *The American Economic Review* 95(2): 314–317.

Park, Hang Sik. 2017. "Technology Convergence, Open Innovation, and Dynamic Economy."*Journal of Open Innovation: Technology, Market, and Complexity* 3(1): 24.

Ravallion, Martin. 2016. "Are the World's Poorest Being Left behind?" *Journal of EconomicGrowth* 21(2): 139–164.

Rosenberg, Nathan. 1983. *Inside the Black Box: Technology and Economics*. Cambridge UniversityPress.

Rostow, W. W. 1960. *The Stages of Economic Growth*. Cambridge University Press.

Saniee, Iraj, Sanjay Kamat, Subra Prakash, and Marcus Weldon. 2017. "Will ProductivityGrowth Return in the New Digital Era? An Analysis of the Potential Mipact on Productivity of the Fourth Industrial Revolution." *Bell Labs Technical Journal* 22(2).

Schwab, Klaus. 2016. *The Fourth Industrial Revolution*. Geneva: World Economic Forum.

Schwab, Klaus. 2018. *Shaping the Future of the Fourth Industrial Revolution*. Geneva: WorldEconomic Forum.

Smith, Adam. 1776. *An Inquiry into the Nature and Causes of the Wealth of Nations*.

Strulik, Holger, Klaus Prettner, and Alexia Prskawetz. 2013. "The Past and Future of Knowledge-Based Growth." *Journal of Economic Growth* 18(4): 411–437.

Strulik, Holger, and Jacob Weisdorf. 2008. "Population, Food, and Knowledge: A Simple Unified Growth Theory." *Journal of Economic Growth* 13(3): 195–216.

Szreter, Simon, and Graham Mooney. 1998. "Urbanization, Mortality, and the Standard of Living Debate: New Estimates of the Expectation of Life at Birth in Nineteenth-Century British Cities." *Economic History Review* 51(1): 84–112.

Taylor, George Rogers. 1951. *The Transportation Revolution: 1815–1860.* Holt, Rinehartand Winston.

Thomas, R., and N. Dimsdale. 2017. "A Millennium of UK Data: Bank of England OBRADataset." www.bankofengland.co.uk/research/Pages/onebank/threecenturies.aspx.

Toynbee, Arnold. 1884. "Lectures on the Industrial Revolution.".

Voigtländer, Nico, and Hans-Joachim Voth. 2013. "Gifts of Mars: Warfare and Europe'sEarly Rise to Riches." *Journal of Economic Perspectives* 27(4): 165–186.

Wardman, Mark, and Glenn Lyons. 2016. "The Digital Revolution and Worthwhile Use of Travel Time: Implications for Appraisal and Forecasting." *Transportation* 43(3): 507–530.

Wells, David A. 1889. *Recent Economic Changes and Their Effect on Production and Distribution of Wealth and Well-Being of Society.* New York: D. Appleton & Company.

Woodward, Donald. 1981. "Wage Rates and Living Standards in Pre-Industrial England."*Past & Present1* 91(1): 28–46.

Wrigley, E. Anthony. 2018. "Reconsidering the Industrial Revolution: England and Wales."*Journal of Interdisciplinary History* 49(1): 9–42.

第二章

Aristotle n.d., *The Nichomachean Ethics*, Penguin Classics, translated by JAK Thomson in1953 and revised by Hugh Tredennick in 1976, London.

Azgad-Tromer, S 2015, 'A Hierarchy of Markets: How Basic Needs Induce a Market Failure',*DePaul Business & Commercial Law Journal*, vol. 14, no. 1, pp. 1–47.

Banfield, TC 1845, 'Four Lectures on the Organization of Industry'.

Baumeister, RF 2001, 'The Psychology of Irrationality: Why People Make Foolish, Self-Defeating Choices', in I Brocas & JD Carrillo (eds.), *The Psychology of Economic Decisions*,pp. 3–16, Oxford University Press, Oxford.

Chai, A & Moneta, A 2012, 'Back to Engel? Some Evidence for the Hierarchy of Needs',*Journal of Evolutionary Economics*, vol. 22, no. 4, pp. 649–676.

Champ, PA, Boyle, KJ, & Brown, TC (eds.) 2017, *The Economics of Non-Market Goods and Resources: A Primer on Nonmarket Valuation*, Springer, Netherlands.

Engel, E 1895, 'Das Lebenskosten Belgischer Arbeiterfamilien früher und Jetzt', *Bulletin of the International Statistical Institute*, vol. 9, pp. 1–124.

Galtung, J 1980, 'The Basic Needs Approach', in K Lederer (ed.), *Human Needs*, Oelgeschlager,Gunn and Hain, Cambridge.

Georgescu-Roegen, N 1954, 'Choice, Expectations and Measurability', *The Quarterly Journal of Economics*, vol. 68, no. 4, pp. 503–534.

Gomes, O 2011, 'The Hierarchy of Human Needs and their Social Valuation', *InternationalJournal of Social Economics*, vol. 38, no. 3, pp. 237–259.

Ironmonger, DS 1972, *New Commodities and Consumer Behaviour*, Cambridge UniversityPress, Cambridge, England.

Jevons, WS 1924, *The Theory of Political Economy*, 4th edn, Palgrave

Macmillan, LondonMaslow, AH 1943, 'A Theory of Human Motivation', *Psychological Review*, vol. 50, no. 4,pp. 370–396.

Maslow, AH 1954, *Motivation and Personality*, Harper & Row Publishers, Inc., New York.

Max-Neef, MA 1991, *Human Scale Development: Conception, Application and Further Reflections*,Apex Press, London.

Menger, C 1950, *Principles of Economics*, Translated and edited by J Dingwall & BF Hoselitz,The Free Press, New York.

Moneta, A & Chai, A 2014, 'The Evolution of Engel Curves and its Implications for StructuralChange Theory', *Cambridge Journal of Economics*, vol. 38, no. 4, pp. 895–923.

Plato n.d., *Republic*, Harvard University Press, 'Plato in Twelve Volumes' translated by PaulShorey in 1969, Cambridge, MA.

Scitovsky, T 1976, *The Joyless Economy*, Oxford University Press, New York.

Sen, AK 1990, 'Rational Behavior', in J Eatwell, M Milgate, & P Newman (eds.), *The NewPalgrave: Utility and Probability*, pp. 198–216, W. W. Norton & Co., New York.

Simon, HA 1955, 'A Behavioral Model of Rational Choice', *The Quarterly Journal of Economics*,vol. 69, no. 1, p. 99.

Strotz, RH 1957, 'The Empirical Implications of a Utility Tree', *Econometrica*, vol. 25, no.2, pp. 269–280.

Wilkinson, N & Klaes, M 2012, *An Introduction to Behavioral Economics*, 2nd edn, PalgraveMacmillan UK, London.

第三章

Becker, Gary, (1962) "Irrational behaviour and economic theory", *Journal of Political Economy*,70(1), pp. 1–13.

Blatt, John M., (1979) "The utility of being hanged on the gallows", *Journal of Post KeynesianEconomics*, 2(2), pp. 231–239.

Boulding, Kenneth, (1956) *The Image*, University of Michigan Press, Ann Arbor.

Dewey, John, (1910) *How We Think*, D.C. Heath and Co., Lexington.

Dopfer, Kurt, Foster, John and Potts, Jason, (2004) "Micro-meso-macro", *Journal of Evolutionary Economics,* 14(3), pp. 263–279.

Dopfer, Kurt and Potts, Jason, (2008) *The General Theory of Economic Evolution*, Routledge, London.

Earl, Peter, (1983) *The Economic Imagination*, Harvester Wheatsheaf, Brighton.

Earl, Peter, (1984) *The Corporate Imagination*, Harvester Wheatsheaf, Brighton.

Earl, Peter, (1986a) *Lifestyle Economics*, Harvester Wheatsheaf, Brighton.

Earl, Peter, (2017) "Lifestyle changes and the lifestyle selection process", *Journal of Bioeconomics*,19(1), pp. 97–114.

Earl, Peter and Wakeley, Tim, (2010) "Alternative perspectives on connections in economic systems", *Journal of Evolutionary Economics*, 20(2), pp. 163–183.

Edelman, Gerald, (1987) *Neural Darwinism*, Basic Books, New York.

Elster, Jon, (2009) *Reason and Rationality*, Princeton University Press,

Princeton.

Foster, John, (2005) "From simplistic to complex systems in economics", *Cambridge Journal of Economics*, 29(6), pp. 873–892.

Foster, John and Metcalfe, Stanley, (2012) "Economic emergence: An evolutionary economic perspective", *Journal of Economic Behavior and Organization*, 82(2), pp. 420–432.

Friedman, Milton, (1962) *Price Theory*, Aldine, Chicago.

Hayek, Friedrich, (1945) "The use of knowledge in society", *American Economic Review*,25(4), pp. 519–530.

Hayek, Friedrich, (1952) *The Sensory Order*, University of Chicago Press, Chicago.

Hayek, Friedrich, (1988) *The Fatal Conceit*, University of Chicago Press, Chicago.

Heath, Chip and Heath, Dan, (2007) *Made to Stick*, Random House, New York.

Hodgson, Geoffrey, (2007) "Meanings of methodological individualism", *Journal of Economic Methodology*, 14(2), pp. 211–226.

Ironmonger, Duncan S., (1972) *New Commodities and Consumer Behaviour*, Cambridge University Press, Cambridge.

Kelly, George A., (1963) *A Theory of Personality*, W. W. Norton & Co., New York.

Koestler, Arthur, (1964) *The Act of Creation*, Picador, London.

Lancaster, Kelvin, (1966a) "Change and innovation in the technology of consumption",*American Economic Review*, 56(1/2), pp. 14–23.

Lancaster, Kelvin, (1966b) "A new approach to consumer theory". *Journal of Political Economy*,74(2), pp. 132–157.

Lawson, Clive, (2010) "Technology and the extension of human capabilites", *Journal for the Theory of Social Behaviour*, 40(2), pp. 207–223.

Luria, Aleksandr, (1973) *The Working Brain*, Basic Books, New York.

Markey-Towler, Brendan, (2016) *Foundations for Economic Analysis*, PhD Thesis, School of Economics, University of Queensland.

Markey-Towler, Brendan, (2017a) "How to win customers and influence people: Amelioratingthe barriers to inducing behavioural change", *Journal of Behavioral Economics for Policy*, 1(Special Issue: Behavioral Policy and its Stakeholders), pp. 27–32.

Markey-Towler, Brendan, (2018a) *An Architecture of the Mind*, Routledge, London.

Markey-Towler, Brendan, (2018b) "Salience, chains and anchoring: Reducing complexity and enhancing the practicality of behavioural economics", *Journal of Behavioral Economics for Policy*, 2(1), pp. 83–90.

Markey-Towler, Brendan, (2018c) "A formal psychological theory for evolutionary economics", *Journal of Evolutionary Economics*, 28(4), pp. 691–725.

Marshall, Alfred, (1890) *Principles of Economics*, 4th Edition, Macmillan and Co., London.

Merleau-Ponty, Maurice, (1945) *The Phenomenology of Perception*, Routledge, London.

Merleau-Ponty, Maurice, (1948) *The World of Perception*, Routledge, London.

Metcalfe, Stanley, (1998) *Evolutionary Economics and Creative Change*, Routledge, London.

Mirowski, Philip, (1989) *More Heat than Light*, Cambridge University Press, Cambridge.

Newell, Alan, (1990) *Unified Theories of Cognition*, Harvard University Press, Cambridge, MA.

Piaget, Jean, (1923) *The Language and Thought of the Child*, Routledge, London.

Pinker, Steven, (1999) *How the Mind Works*, Penguin, London.

Pinker, Steven, (2002) *The Blank Slate*, Penguin, London.

Polanyi, Karl, (1958) *Personal Knowledge*, University of Chicago Press, Chicago.

Potts, Jason, (2000) *The New Evolutionary Microeconomics*, Edward Elgar, Cheltenham.

Sen, Amartya, (1999) *Commodities and Capabilities*, Oxford University Press, Oxford.

Shackle, George L. S., (1969) *Decision, Order and Time*, Cambridge University Press,Cambridge.

Shackle, George L. S., (1972) *Epistemics and Economics*, Transaction Publishers, Piscataway.

Shannon, Claude, (1948a) "A mathematical theory of communication", *Bell Systems TechnicalJournal*, 27(3), pp. 379–423.

Shannon, Claude, (1948b) "A mathematical theory of communication", *Bell Systems TechnicalJournal*, 27(4), pp. 623–666.

Shiller, Robert, (2017) "Narrative economics", *American Economic Review*, 107(4),pp. 967–1004.

Simon, Herbert A., (1956) "Rational choice and the structure of the environment", *PsychologicalReview*, 63(2), pp. 129–138.

Simon, Herbert A., (1968) *Sciences of the Artificial?* MIT Press, Cambridge, MA.

Witt, Ulrich, (2008) "What is specific about evolutionary economics?", *Journal of Evolutionary Economics*, 18(5), pp. 547–575.

第四章

Azuma, Ronald, (1997) "A survey of augmented reality", *Presence*, 6(4), pp. 355–385.

Azuma, Ronald, Baillot, Yohan, Behringer, Reinhold, Feiner, Steven, Julier, Simon andMacIntyre, Blair, (2001) "Recent advances in augmented reality", *IEEE Computer Graphics and Applications*, 21(6), pp. 37–47.

Barney, Darin, (2004) *The Network Society*, Polity, Cambridge.

Bartlett, Jamie, (2014) *The Dark Net*, Random House, London.

Belk, William, (2016) "Understanding the amazing Internet of Things (IoT) – innovation creates value", *Hackernoon.com*, available at URL: https://hackernoon.com/understandingthe-amazing-internet-of-things-iot-innovation-creates-value-6a9a93af33d5 (accessed18/04/2018).

Berners-Lee, Tim, (2000) *Weaving the Web*, Harper Perennial, New York.

Booms, Bernard H. and Bitner, Mary J., (1981) "Marketing strategies and organizationalstructures for service firms", in Donnelly, James H. and George, William R. (eds.), *Marketing of Services*, American Marketing Association, Chicago, pp. 47–51.

Boyd, Danah M. and Ellison, Nicole B., (2007) "Social network sites: Definition, history and scholarship", *Journal of Computer-Mediated Communication*, 13(1), pp. 210–230.

Brown, Carl, (2014) *App Accomplished*, Addison Wesley, Boston.

Brugger, Niels, (2010) *Web History*, Peter Lang, Bern.

Brynjolfsson, Erik and McAfee, Andrew, (2017) *Machine, Platform, Crowd*, W.W. Norton &Co., New York.

Cantoni, Lorenzo and Tardini, Stefano, (2006) *Internet*, Routledge, London.

Castells, Manuel, (2009) *The Rise of the Network Society*, 2nd Edition, Wiley, Hoboken.

Chang, Ha-Joon, (2010) *23 Things They Don't Tell You About Capitalism*, Penguin, London.

Clegg, Brian, (2017) *Big Data*, Icon Books, London.

Coleman, Gabriela, (2014) *Hacker, Hoaxer, Whistleblower, Spy: The Many Faces of Anonymous*,Verso, New York.

Hafner, Katie, (1998) *Where Wizards Stay Up Late*, Simon & Schuster, New York.

Heiner, Ronald, (1983) "The origin of predictable behavior", *American Economic Review*,73(4), pp. 560–595.

Heiner, Ronald, (1985) "Origin of predictable behavior: Further modelling and applications",*American Economic Review*, 75(2), pp. 391–396.

Jordan, Tim, (2008) *Hacking*, Polity, Cambridge.

Kirkpatrick, David, (2011) *The Facebook Effect*, Random House, London.

Leiner, Barry M., Cerf, Vinton G., Clark, David D., Kahn, Robert E., Kleinrock, Leonard,Lynch, Daniel C., Postel, Jon, Roberts, Larry G. and Wolff, Stephen, (1999) "A briefhistory of the Internet", available at URL: arXiv:cs/099901011v1 (accessed 23/01/1999).

Lin, Jeffrey, (2017) "Creating the right products for VR, AR, or MR", *Hackernoon.com*,available at URL: https://hackernoon.com/creating-the-right-products-for-vr-ar-ormr-3a093c5ba1a0 (accessed 18/04/2018).

McCarthy, Jerome E., (1960) *Basic Marketing: A Managerial Approach*, McGraw-Hill, New York.

Obar, Jonathan A. and Wildman, Steve, (2015) "Social media definition and the governance challenge: An introduction to the special issue", *Telecommunications Policy*, 39(9),pp. 745–750.

Parker, Geoffrey G., van Alstyne, Marshall W. and Choudary, Sangeet P., (2016) *Platform Revolution*, W. W. Norton & Co., New York.

Peng, Vicki, (2016) "Mobile in 2016 – The next wave of mobile-first & augmented reality",*Medium.com*, available at URL: https://medium.com/swlh/mobile-enterprise-in-2016-the-next-wave-of-mobile-first-540d23f14b95 (accessed 18/04/2018).

Porter, Micahel E., (1979) "How competitive forces shape strategy", *Harvard BusinessReview*, 57(2), pp. 137–145.

Porter, Michael E., (1980) *Competitive Strategy*, Free Press, New York.

Schatz, Daniel, Bashroush, Rabih and Wall, Julie, (2017) "Towards a more representativedefinition of cyber security", *Journal of Digital Forensics, Security and Law*, 12(2), pp. 53–74.

Schmidt, Eric, Rosenberg, Jonathan and Eagle, Alan, (2014) *How Google Works*, Hachette, New York.

Sherman, Chris and Price, Gary (2001). *The Invisible Web*. Medford: Information TodayShirky, Clay, (2008) *Here Comes Everybody*, Penguin, London.

Simon, Herbert A., (1956) "Rational choice and the structure of the environment", *Psychological Review*, 63(2), pp. 129–138.

Stigler, George, (1961) "The economics of information", *Journal of Political Economy*, 69(3),pp. 213–255.

Sundstrom, Matt, (2015) "Designing humane augmented reality user experiences", in Blog,available at URL: www.invisionapp.com/blog/designing-humane-augmented-reality-user-experiences/ (accessed 18/04/2017).

Thiel, Peter, (2014) *Zero to One*, Crown Business, New York.

Vedomske, Michael and Myers, Ted, (2016) "Everything you need to know about the internet of things", *Hackernoon.com,* available at URL: https://hackernoon.com/everything-you-need-to-know-about-the-internet-of-things-ce815339c9f9 (accessed 18/04/2018).

第五章

Benjamin, Jesse. 2001. "Of Nubians and Nabateans: Implications of Research on Neglected Dimension of Ancient World History." *Journal of Asian and African Studies* 36(4): 361–382.

Bown, Chad P., and Kara M. Reynolds. 2015. "Trade Flows and Trade Disputes." *Review of International Organizations* 10(2): 145–177.

Brewer, Dominic J., and Patrick J. McEwan, eds. 2009. *Economics of Education*. Amsterdam,Netherlands: Elsevier.

Cao, Huanhuan et al. 2013. "A Maslow's Hierarchy of Needs Analysis of Social NetworkingServices Continuance." *Journal of Service Management* 24(2): 170–190.

Coleman, Raymond. 2014. "Demise of the Academic Student Lecture: An Inevitable Trendin the Digital Age." *Acta Histochemica* 116(7): 1117–1118.

Dinerstein, Michael, Liran Einav, Jonathan Levin, and Neel Sundaresan. 2018. "Consumer Price Search and Platform Design in Internet Commerce." *American Economic Review*108(7): 1820–1859.

Eckenstein, Lina. 2005. *A History of Sinai*. Boston, MA: Adamant Media Corporation.

Fedeli, S., and F. Forte. 2013. "Higher Education as Private Good and as Quasi PublicGood: The Case of Italy." Pp. 197–224 in *Constitutional Economics and Public Institutions*.Edward Elgar Publishing Ltd.

Fletcher, Richard, and Rasmus Kleis Nielsen. 2017. "Are News Audiences IncreasinglyFragmented? A Cross-National Comparative Analysis of Cross-Platform News AudienceFragmentation and Duplication." *Journal of Communication* 67(4): 476–498.

Gaile, Gary L., and Richard Grant. 1989. "Trade, Power, and Location: The Spatial Dynamicsof the Relationship between Exchange." *Economic Geography* 65(4): 329–337.

Goolsbee, Austan, and Peter J. Klenow. 2006. "Valuing Consumer Products by the TimeSpent Using Them: An Application to the Internet." *The American Economic Review*96(2): 108–113.

Grewall, David Singh. 2008. *Network Power: The Social Dynamics of Globalization*. NewHaven and London: Yale University Press.

Hew, Teck Soon, Lai Ying Leong, Keng Boon Ooi, and Alain Yee Loong Chong. 2016."Predicting Drivers of Mobile Entertainment Adoption: A Two-Stage Sem-Artificial-Neural-Network Analysis." *Journal of Computer Information Systems* 56(4): 352–370.

Jiang, Kang et al. 2018. "Effects of Mobile Phone Distraction on Pedestrians' Crossing Behavior and Visual Attention Allocation at a Signalized Intersection: An Outdoor Experimental Study." *Accident Analysis and Prevention* 115: 170–177.

Kazan, Erol, Chee Wee Tan, Eric T. K. Lim, Carsten Sφrensen, and Jan Damsgaard. 2018."Disentangling Digital Platform Competition: The Case of UK Mobile Payment Platforms."*Journal of Management Information Systems* 35(1): 180–219.

Koehn, Nancy F. 1994. *The Power of Commerce: Economy and Governance in the First BritishEmpire.* New York: Cornell University Press.

Ma, Winston. 2017. *China's Mobile Economy: Opportunities in the Largest and Fastest Information Consumption Boom.* West Sussex, UK: John Wiley & Sons Ltd.

Mantin, Benny, Harish Krishnan, and Tirtha Dhar. 2014. "The Strategic Role of Third-Party Marketplaces in Retailing." *Production and Operations Management* 23(11): 1937–1949.

Miller, T., and J. Niu. 2012. "An Assessment of Strategies for Choosing between CompetitiveMarketplaces." *Electronic Commerce Research and Applications* 11(1): 14–23.

Nechushtai, Efrat. 2018. "Could Digital Platforms Capture the Media through Infrastructure?"*Journalism* 19(8): 1043–1058.

Nelson-Field, Karen, and Erica Riebe. 2011. "The Impact of Media Fragmentation onAudience Targeting: An Empirical Generalisation Approach." *Journal of Marketing Communications*17(1): 51–67.

Nooren, Pieter, Nicolai van Gorp, Nico van Eijk, and Ronan Fathaigh. 2018. "Should WeRegulate Digital Platforms? A New Framework for Evaluating Policy Options." *Policy and Internet* 10(3): 264–301.

Park, So-Young, Jeunghyun Byun, Hae-Chang Rim, Do-Gil Lee, and Heuiseok Lim. 2011."Natural Language-Based User Interface for Mobile Devices with Limited Resources."*IEEE Transactions on Consumer Electronics* 56(4): 2086–2092.

Pepe, Jacopo Maria. 2018. "Eurasia before Europe: Trade, Transport and Power Dynamicsin the Early World System (1st Century BC – 14th Century AD)." pp. 77–115 in *Beyond Energy*. New York: Springer.

Phillips, Mike, John Nguyen, and Ali Mischke. 2010. " 'Why Tap When You Can Talk?':Designing Multimodal Interfaces for Mobile Devices That Are Effective, Adaptive and Satisfying to the User." pp. 31–60 in *Advances in Speech Recognition: Mobile Environments,Call Centers and Clinics*, edited by A. Neustein. New York: Springer.

Riles, Julius Matthew, Andrew Pilny, and David Tewksbury. 2018. "Media Fragmentation in the Context of Bounded Social Networks: How Far Can It Go?" *New Media and Society*20(4): 1415–1432.

Ruutu, Sampsa, Thomas Casey, and Ville Kotovirta. 2017. "Development and Competition of Digital Service Platforms: A System Dynamics Approach." *Technological Forecasting and Social Change* 117: 119–130.

Ryan, Jennifer K., Daewon Sun, and Xuying Zhao. 2012. "Competition and Coordinationin Online Marketplaces." *Production and Operations Management* 21(6): 997–1014.

Srinivasan, Arati, and N. Venkatraman. 2018. "Entrepreneurship in Digital Platforms:A Network-Centric View." *Strategic Entrepreneurship Journal* 12(1): 54–71.

Statista. 2019. "Number of Smartphone Users Worldwide from 2014 to 2020 (in Billions)."www.statista.com/statistics/330695/number-of-smartphone-users-worldwide/.

Sutherland, Will, and Mohammad Hossein Jarrahi. 2018. "The Sharing Economy and Digital Platforms: A Review and Research Agenda." *International Journal of Information Management* 43: 328–341.

Taneja, Harsh. 2013. "Audience Measurement and Media Fragmentation: Revisiting the Monopoly Question." *Journal of Media Economics* 26(4): 203–219.

Toftgaard, Jens. 2016. "Marketplaces and Central Spaces: Markets and the Rise of CompetingSpatial Ideals in Danish City Centres, c. 1850–1900." *Urban History* 43(3): 372–390.

Tur, Gokhan, and Renato De Mori, eds. 2011. *Spoken Language Understanding: Systems for Extracting Semantic Information from Speech.* West Sussex, UK: John Wiley & Sons Ltd.

Ward, Adrian F., Kristen Duke, Ayelet Gneezy, and Maarten W. Bos. 2017. "Brain Drain:The Mere Presence of One's Own Smartphone Reduces Available Cognitive Capacity."*Journal of the Association for Consumer Research* 2(2): 140–154.

Wong, Chin Chin, and Pang Leang Hiew. 2005. "Mobile Entertainment: Review andRedefine." pp. 187–192 in *4th Annual International Conference on Mobile Business, ICMB*2005.

第六章

Acemoglu, Daron and Restrepo, Pascual, (2016) "The race between machine and man:Implications of technology for growth, factor shares and employment", NBER WorkingPaper No.22252.

Acemoglu, Daron and Restrepo, Pascual, (2017) "Robots and jobs: Evidence from US labormarkets", NBER Working Paper No.23285.

Acemoglu, Daron and Restrepo, Pascual, (2018) "Artificial intelligence, automation and work", NBER Working Paper No.24196.

Agrawal, Ajay, Gans, Joshua S. and Goldfarb, Avi, (2018) *Prediction Machines*, Harvard BusinessReview, Cambridge, MA.

Brynjolfsson, Erik and McAfee, Andrew, (2011) *Race against the Machine*, Digital FrontierPress, Lexington.

Brynjolfsson, Erik and McAfee, Andrew, (2014) *The Second Machine Age*, W.W. Norton &Co., New York.

Brynjolfsson, Erik and McAfee, Andrew, (2017) *Machine, Platform, Crowd*, W.W. Norton &Co., New York.

Citi Global Perspectives & Solutions, (2016) "Technology at work v2.0: The future is not whatit used to be", Technical report, Citi and Oxford Martin School, available at URL: www.oxfordmartin.ox.ac.uk/downloads/reports/ Citi_iGPS_iTechnology_iWork_i2.pdf.

Clegg, Brian, (2017) *Big Data*, Icon Books, London.

Dewey, John, (1910) *How We Think*, D.C. Heath and Co., Lexington.

Dopfer, Kurt, Potts, Jason and Pyka, Andreas, (2016) "Upward and downward complementarity:the meso core of evolutionary growth theory", *Journal of Evolutionary Economics*,26(4), pp. 753–763.

Edelman, Gerald, (1978) *Neural Darwinism*, Basic Books, New York.

Ford, Martin, (2015) *Rise of the Robots*, Oneworld Publications, London.

Frey, Carl B. and Osborne, Michael, (2013) "The future of employment: How susceptibleare jobs to computerisation?" Technical report, Oxford Martin School, Oxford, availableat URL: www.oxfordmartin.ox.ac.uk/ publications/view/1314.

Hayek, Friedrich, (1952) *The Sensory Order*, University of Chicago Press,

Chicago.

Jeffries, Daniel, (2017) "Learning AI if you suck at math", *Hackernoon.com*, available at URL: https://hackernoon.com/learning-ai-if-you-suck-at-math-8bdfb4b79037 (accessed 18/04/2018)Kelly, George A., (1963) *A Theory of Personality*, W. W. Norton & Co., New York.

Kelnar, David, (2016) "The fourth industrial revolution: A primer on artificial intelligence",*Medium.com*, available at URL: https://medium.com/mmc-writes/the-fourth-industrialrevolution-a-primer-on-artificial-intelligence-ai-ff5e7fffcae1 (accessed 18/04/2018).

Keynes, John Maynard, (1930) "Economic possibilites for our grandchildren", in *Essays in Persuasion*, Harcourt Brace, New York, pp. 358–373.

Koestler, Arthur, (1964) *The Act of Creation*, Picador, London.

Kurzweil, Ray, (2012) *How to Create a Mind*, Penguin, London.

Lawson, Clive, (2010) "Technology and the extension of human capabilities", *Journal for the Theory of Social Behaviour*, 40(2), pp. 207–223.

LeDoux, Joseph, (1996) *The Emotional Brain*, Simon and Schuster, New York.

Markey-Towler, Brendan, (2018) "The economics of artificial intelligence", available atSSRN: https://ssrn.com/abstract=2907974+Marx, Karl and Engels, Friedrich, (1848) *The Communist Manifesto*, Penguin, London.

McClelland, Calum, (2017) "The difference between artificial intelligence, machine learning,and deep learning", *Medium.com*, available at URL: https://medium.com/iotforall/the-difference-between-artificial-intelligence-machine-learning-and-deep-learning-3aa67bff5991 (accessed 18/04/2018).

Nederkoon, Chantal, Vancleef, Linda, Wilkenhoner, Alexandra, Claes,

Laurence and Havermans, Remco, (2016) "Self-inflicted pain out of boredom", *Psychiatry Research*,237, pp. 127–132.

Newell, Alan, (1990) *Unified Theories of Cognition*, Harvard University Press, Cambridge,MA.

Newell, Alan, Shaw, John C. and Simon, Herbert A., (1958) "Elements of a theory of human problem solving", *Psychological Review*, 65(3), pp. 151–166.

Nordhaus, William D., (2015) "Are we approaching an economic singularity?" NBERWorking Paper No.21547.

Penrose, Roger, (1989) *The Emperor's New Mind*, Oxford University Press, Oxford.

Piaget, Jean, (1923) *The Language and Thought of the Child*, Routledge, London.

Pinker, Steven, (1999) *How the Mind Works*, Penguin, London.

Pinker, Steven, (2002) *The Blank Slate*, Penguin, London.

Plomin, Robert, (2018) *Blueprint*, Penguin, London.

Polanyi, Michael, (1966) *The Tacit Dimension*, University of Chicago Press, ChicagoSamuel, Arthur L., (1953) "Computing bit by bit, or, digital computers made easy", *Proceedings of the I.R.E.*, 41(10), pp. 1223–1230.

Samuel. Arthur L., (1959) "Some studies in machine learning using the game of checkers",*IBM Journal of Research and Development*, 3(3) pp. 210–229.

Simon, Herbert A., (1968) *Sciences of the Artificial*?MIT Press, Cambridge, MA.

Simon, Herbert A., (1998) "Discovering explanations", *Minds and Machines*, 8, pp. 7–37.

Turing, Alan, (1950) "Computing machinery and intelligence", *Mind*, 59(236), pp. 433–460.

von Neumann, John, (1958) *The Computer and the Brain*, Yale University Press, New HavenZuvatern, Angela and Sullivan, Josh, (2017) *The Mathematical Corporation*, Hachette, Paris.

第七章

Abbott, Ryan, and Bret Bogenschneider. 2018. "Should Robots Pay Taxes? Tax Policy inthe Age of Automation." *Harvard Law & Policy Review* 12(1): 145–175.

Acemoglu, Daron, and David H. Autor. 2011. "Skills, Tasks and Technologies: Implications for Employment and Earnings." pp. 1043–1171 in *Handbook of Labor Economics*. Amsterdam,Netherlands: Elsevier.

Acemoglu, Daron, and Pascual Restrepo. 2018. "Low-Skill and High-Skill Automation."*Journal of Human Capital* 12(2): 204–232.

Adam, N., W. Bertrand, D. Morehead, and J. Surkis. 1993. "Due-Date Assignment Procedures with Dynamically Updated Coefficients for Multilevel Assembly Job Shops.".

European Journal of Operational Research 68(2): 212–227.

Agrawal, Ajay, Joshua Gans, and Avi Goldfarb. 2018. *Prediction Machines*. Boston, MA: HarvardBusiness Review Press.

Allen, Robert C. 2017. "Lessons from History for the Future of Work." *Nature* 550(7676):321–324.

Autor, David H., and David Dorn. 2013. "The Growth of Low-Skill Service Jobs and the Polarization of the US Labor Market." *American Economic Review* 103(5): 1553–1597.

Autor, David, and Anna Salomons. 2018. "Is Automation Labor Share-Displacing? ProductivityGrowth, Employment, and the Labor Share." *Brookings Papers on Economic Activity*2018 (Spring): 1–87.

Chelliah, John. 2017. "Will Artificial Intelligence Usurp White Collar Jobs?" *HumanResource Management International Digest* 25(3): 1–3.

Cortes, Guido Matias, Nir Jaimovich, and Henry E. Siu. 2017. "Disappearing Routine Jobs:Who, How, and Why?" *Journal of Monetary Economics* 91: 69–87.

Davenport, Thomas H. 2019. *The AI Advantage: How to Put the Artificial Intelligence Revolution to Work*. Cambridge, MA: MIT Press.

Dimopoulos, C., and A. Zalzala. 2001. "Investigating the Use of Genetic Programmingfor a Classic One-Machine Scheduling Problem." *Advances in Engineering Software* 32(6):489–498.

Eden, Maya, and Paul Gaggl. 2018. "On the Welfare Implications of Automation." *Reviewof Economic Dynamics* 29: 15–43.

Gruen, David. 2017. "The Future of Work." *Policy* 33(3): 3–8.

Karabarbounis, Loukas, and Brent Neiman. 2014. "The Global Decline of the LaborShare*." *Quarterly Journal of Economics* 129(1): 61–103.

Kuo, R. J., S. C. Chi, and S. S. Kao. 2002. "A Decision Support System for SelectingConvenience Store Location through Integration of Fuzzy AHP and Artificial NeuralNetwork." *Computers in Industry* 47: 199–214.

Leung, S., Z. X. Guo, and W. K. Wong. 2013. *Optimizing Decision Making in the ApparelSupply Chain Using Artificial Intelligence (AI)*. Cambridge, UK: Woodhead Publishing.Levy, Frank. 2018. "Computers and Populism: Artificial Intelligence, Jobs, and Politics in the Near Term." *Oxford Review of Economic Policy* 34(3): 393–417.

Lewis, Ethan. 2011. "Immigration, Skill Mix, and Capital Skill Complementarity." *Quarterly Journal of Economics* 126(2): 1029–1069.

Liang, G. S., and M. J. Wang. 1991. "A Fuzzy Multi-Criteria Decision-Making Method for Facility Site Selection." *International Journal of Production Research* 29(11): 2313–2330.

Nagar, A., S. Heragu, and J. Haddock. 1996. "A Combined Branch-and-Bound and GeneticAlgorithm Based Approach for a Flowshop Scheduling Problem." *Annals of Operations Research* 63(1–4): 397–414.

Nica, Elvira. 2016. "Will Technological Unemployment and Workplace Automation GenerateGreater Capital-Labor Income Imbalances?" *Economics, Management and Financial Markets* 11(4): 68–74.

Park, Hang Sik. 2017. "Technology Convergence, Open Innovation, and Dynamic Economy."*Journal of Open Innovation: Technology, Market, and Complexity* 3(1): 24.

Silver, David et al. 2018. "A General Reinforcement Learning Algorithm That MastersChess, Shogi, and Go through Self-Play." *Science* 362(6419): 1140–1144.

Sorgner, Alina. 2017. "The Automation of Jobs: A Threat for Employment or a Source of New Entrepreneurial Opportunities?" *Foresight and STI Governance* 11(3): 37–48.

World Economic Forum. 2016. *The Future of Jobs: Employment, Skills and Workforce Strategy for the Fourth Industrial Revolution.* Geneva, Switzerland: Forum Publishing.

Zhang, Y., P. Luh, K. Yoneda, T. Kano, and Y. Kyoya. 2000. "Mixed-Model AssemblyLine Scheduling Using the Lagrangian Relaxation Technique." *IIE Transactions* 32(2):125–134.

第八章

Allen, Darcy W. E., Berg, Chris and Lane, Aaron M. (forthcoming), *Cryptodemocracy*, WorldScientific.

Berg, Alastair and Berg, Chris, (2017) "Exit, voice, and forking", available at SSRN: https://ssrn.com/abstract=3081291.

Berg, Alastair, Berg, Chris, Davidson, Sinclair and Potts, Jason, (2017) "The institutionaleconomics of identity", available at SSRN: https://ssrn.com/abstract=3072823.

Berg, Chris, Davidson, Sinclair and Potts, Jason, (2018) "Institutional discovery and competitionin the evolution of blockchain technology", available at SSRN: https://ssrn.com/abstract=3220072.

Buterin, Vitalk, (2013) "Ethereum: A next-generation smart contract and decentralizedapplication platform", available at URL: http://ethereum.org/ethereum.html(17/09/2018).

Catalini, Christian and Gans, Joshua S., (2017) "Some simple economics of the blockchain",Rotman School of Management Working Paper No.2874598; MIT Sloan ResearchPaper No. 5191–16, available at SSRN: https://ssrn.com/abstract=2874598 or http://dx.doi.org/10.2139/ssrn.2874598.

Coase, Ronald, (1937) "The nature of the firm", *Economica*, 4(16), pp. 386–405.

Davidson, Sinclair, De Filippi, Primavera and Potts, Jason, (2018) "Blockchains and the economic institutions of capitalism", *Journal of Institutional Economics*, 14(4), pp. 639–658 Grigg, Ian, (2017) "EOS – an introduction", available at URL: https://eos.io/documents/EOS_An_Introduction.pdf (accessed 17/09/2018).

Hayek, Friedrich, (1945) "The use of knowledge in society", *American*

Economic Review,25(4), pp. 519–530.

Hirschman, Albert, (1970) *Exit, Voice and Loyalty*, Harvard University Press, Cambridge,MA.

Hodgson, Geoffrey and Knudsen, Thorbjorn, (2010) *Darwin's Conjecture*, University of ChicagoPress, Chicago.

Horizon State, (2018) "Horizon state: Ensuring every voice counts", available at URL:https://horizonstate.com/Horizon-State-Whitepaper.pdf (accessed 28/12/2018).

Lawson, Tony, (2016) "Comparing conceptions of social ontology: Emergent social entities and/or institutional facts?", *Journal for the Theory of Social Behaviour*, 46(4), pp. 359–399.

MacDonald, Trent J., (2015) *Theory of Unbundled and Non-territorial Governance*, RMIT University,doctoral thesis.

Markey-Towler, Brendan, (2018) "Anarchy, blockchain and Utopia: A theory of politicalsocioeconomicsystems organised using blockchain", *Journal of the British Blockchain Association*,1(1), pp. 1–16.

May, Tim, (1992) "The crypto anarchist manifesto", available at URL: www.activism.net/cypherpunk/crypto-anarchy.html (accessed 3/11/2018).

Mougayar, William, (2016) *The Business Blockchain*, Wiley, Hoboken.

Nakamoto, Satoshi, (2009), "Bitcoin: A peer-to-peer electronic cash system", available at URL: https://bitcoin.org/bitcoin.pdf (accessed 14/09/2018).

North, Douglass, (1990) *Institutions, Institutional Change and Economic Performance*, CambridgeUniversity Press, Cambridge.

Ometoruwa, Toju, (2018) "Solving the blockchain trilemma: Decentralization, security &scalability", *CoinBureau.com*, available at URL: www.coinbureau.

com/analysis/solvingblockchain-trilemma/ (accessed 17/09/2018).

Ostrom, Elinor, (1990) *Governing the Commons*, Cambridge University Press, CambridgeParker, Geoffrey, van Altsyne, Marshall and Choudary, Paul, (2016) *Platform Revolution*,W.W. Norton & Co., New York.

Shiller, Robert, (2017) "Narrative economics", *American Economic Review*, 107(4), pp. 967–1004.

Swan, Melanie, (2015) *Blockchain: Blueprint for a New Economy*. O'Reilly, Sebastpol, CA.

Szabo, Nick, (1994) "Smart contracts", available at URL: www.fon.hum.uva.nl/rob/Courses/InformationInSpeech/CDROM/Literature/LOTwinterschool2006/szabo.best.vwh.net/smart.contracts.html (accessed 17/08/2018).

Tapscott, Don and Tapscott, Alex, (2016) *Blockchain Revolution: How the Technology BehindBitcoin is Changing Money, Business and the World*, Portfolio/Penguin, London, UK.

Williamson, Oliver, (1975) *Markets and Hierarchies*, Free Press, New York.

Williamson, Oliver, (1985) *The Economic Institutions of Capitalism*, Free Press, New YorkWood, Gavin, (2014) "Ethereum: A secure decentralised generalised transaction ledger EIP-150 revision", available at URL: http://yellowpaper.io (accessed 17/09/2018).

第九章

Alonso, Susal Gongora, Jon Arambarri, Miguel Lopez-Coronado, and Isabel de la TorreDiez. 2019. "Proposing New Blockchain Challenges in EHealth." *Journal of Medical Systems*43(64): 1–7.

Athey, Susan, and Glenn Ellison. 2014. "Dynamics of Open Source Movements." *Journal of Economics and Management Strategy* 23(2): 294–

316.

Avgouleas, Emilios, and Aggelos Kiayias. 2019. "The Promise of Blockchain Technology forGlobal Securities and Derivatives Markets: The New Financial Ecosystem and the 'HolyGrail' of Systemic Risk Containment." *European Business Organization Law Review* 1–30.

Bauwens, Michel, and Alekos Pantazis. 2018. "The Ecosystem of Commons-Based PeerProduction and Its Transformative Dynamics." *Sociological Review* 66(2): 302–319.

Benkler, Yochai, and Helen Nissenbaum. 2006. "Commons-Based Peer Production andVirtue." *Journal of Political Philosophy* 14(4): 394–419.

Bheemaiah, Kariappa. 2017. *The Blockchain Alternative: Rethinking Macroeconomic Policy and Economic Theory.* New York: Apress Media.

Bollier, David. 2015. "The Blockchain: A Promising New Infrastructure for Online Commons."Retrieved February 1, 2019, www.bollier.org/blog/ blockchain-promising-newinfrastructure-online-commons.

Boulos, Maged N. Kamel, James T. Wilson, and Kevin A. Clauson. 2018. "GeospatialBlockchain: Promises, Challenges, and Scenarios in Health and Healthcare." *InternationalJournal of Health Geographics* 17(25): 1–10.

Campbell-Verduyn, Malcolm. 2018a. "Bitcoin, Crypto-Coins, and Global Anti-MoneyLaundering Governance." *Crime, Law and Social Change* 69(2): 283–305.

Campbell-Verduyn, Malcolm, ed. 2018b. *Bitcoin and Beyond: Cryptocurrencies, Blockchains, and Global Governance.* New York: Routledge.

Ciaian, Pavel, Miroslava Rajcaniova, and D'Artis Kancs. 2016. "The Digital Agenda ofVirtual Currencies: Can BitCoin Become a Global Currency?"

Information Systems andE-Business Management 14(4): 883–919.

Coase, Ronald Harry. 1937. "The Nature of the Firm." *Economica* 4(16): 386–405.

Corrales, Marcelo, Mark Fenwick, and Helena Haapio, eds. 2019. *Legal Tech, Smart Contractsand Blockchain*. Singapore: Springer.

Dannen, Chris. 2017. *Introducing Ethereum and Solidity: Foundations of Cryptocurrency andBlockchain Programming for Beginners*. New York: Apress Media.

Deng, Hui, Robin Hui Huang, and Qingran Wu. 2018. "The Regulation of Initial CoinOfferings in China: Problems, Prognoses and Prospects." *European Business OrganizationLaw Review* 19(3): 465–502.

Derks, Jona, Jaap Gordijn, and Arjen Siegmann. 2018. "From Chaining Blocks to BreakingEven: A Study on the Profitability of Bitcoin Mining from 2012 to 2016." *ElectronicMarkets* 28(3): 321–338.

Dhillon, Vikram, David Metcalf, and Max Hooper. 2017. *Blockchain Enabled Applications*.Orlando, FL: Apress Media.

Dixit, Avinash. 2009. "Governance Institutions and Economic Activity." *American EconomicReview* 99(1): 5–24.

De Domenico, Manlio, and Andrea Baronchelli. 2019. "The Fragility of DecentralisedTrustless Socio-Technical Systems." *EPJ Data Science* 8(2): 1–6.

Drescher, Daniel. 2017. *Blockchain Basics: A Non-Technical Introduction in 25 Steps*. New York:Apress Media.

Eenmaa-Dimitrieva, Helen, and Maria José Schmidt-Kessen. 2019. "Creating Markets inNo-Trust Environments: The Law and Economics of Smart Contracts." *Computer Law &Security Review* 35(1): 69–88.

Feng, Libo, Hui Zhang, Wei-Tek Tsai, and Simeng Sun. 2018. "System Architecture forHigh-Performance Permissioned Blockchains." *Frontiers of Computer Science* 1–15.

Findlay, Cassie. 2017. "Participatory Cultures, Trust Technologies and Decentralisation:Innovation Opportunities for Recordkeeping." *Archives and Manuscripts* 45(3): 176–190.

Gäthter, Simon, Georg von Krogh, and Stefan Haefliger. 2010. "Initiating Private-CollectiveInnovation: The Fragility of Knowledge Sharing." *Research Policy* 39(7): 893–906.

Gao, Zhimin, Lei Xu, Lin Chen, Xi Zhao, Yang Lu, and Weidong Shi. 2018. "CoC:A Unified Distributed Ledger Based Supply Chain Management System." *Journal of ComputerScience and Technology* 33(2): 237–248.

Girasa, Rosario. 2018. *Regulation of Cryptocurrencies and Blockchain Technologies: National and International Perspectives*. Cham, Switzerland: Palgrave Macmillan.

Governatori, Guido, Florian Idelberger, Zoran Milosevic, Regis Riveret, Giovanni Sartor,and Xiwei Xu. 2018. "On Legal Contracts, Imperative and Declarative Smart Contracts,and Blockchain Systems." *Artificial Intelligence and Law* 26(4): 377–409.

Griggs, Kristen N., Olya Ossipova, Christopher P. Kohlios, Alessandro N. Baccarini, EmilyA. Howson, and Thaier Hayajneh. 2018. "Healthcare Blockchain System Using SmartContracts for Secure Automated Remote Patient Monitoring." *Journal of Medical Systems*42(130): 1–7.

Heiskanen, Aarni. 2017. "The Technology of Trust: How the Internet of Things and BlockchainCould Usher in a New Era of Construction Productivity." *Construction Research and Innovation* 8(2): 66–70.

Herian, Robert. 2018. "Taking Blockchain Seriously." *Law and Critique*

29(2): 163–171.

Hinterstocker, Michael, Florian Haberkorn, Andreas Zeiselmair, and Serafin Von Roon.2018. "Faster Switching of Energy Suppliers – a Blockchain-Based Approach." *EnergyInformatics* 1(Suppl 1)(42): 417–422.

Hofmann, Erik, Urs Magnus Strewe, and Nicola Bosia. 2017. *Supply Chain Finance andBlockchain Technology: The Case of Reverse Securitisation.* Cham, Switzerland: Springer.

Holotiuk, Friedrich, Francesco Pisani, and Jürgen Moormann. 2019. "Radicalness ofBlockchain: An Assessment Based on Its Impact on the Payments Industry." *TechnologyAnalysis & Strategic Management* 1–14.

Hsieh, Ying-Ying, Jean-Philippe Vergne, Philip Anderson, Karim Lakhani, and MarkusReitzig. 2018. "Bitcoin and the Rise of Decentralized Autonomous Organizations."*Journal of Organization Design* 7(14): 1–16.

Huh, Jun-Ho, and Kyungryong Seo. 2018. "Blockchain-Based Mobile Fingerprint Verificationand Automatic Log-in Platform for Future Computing." *The Journal of Supercomputing*1–17.

Jamison, Mark A., and Palveshey Tariq. 2018. "Five Things Regulators Should Know aboutBlockchain (and Three Myths to Forget)." *The Electricity Journal* 31(9): 20–23.

Käll, Jannice. 2018. "Blockchain Control." *Law and Critique* 29(2): 133–140.

Kethineni, Sesha, Ying Cao, and Cassandra Dodge. 2018. "Use of Bitcoin in Darknet Markets:Examining Facilitative Factors on Bitcoin-Related Crimes." *American Journal of Criminal Justice* 43(2): 141–157.

Kim, Hyun-Woo, and Young-Sik Jeong. 2018. "Secure Authentication-anagementHuman-entric Scheme for Trusting Personal Resource Information on Mobile Cloud Computing with Blockchain." *Human-Centric Computing and*

Information Sciences 8(11): 1–13.

Knirsch, Fabian, Andreas Unterweger, and Dominik Engel. 2018. "Privacy-Preserving Blockchain-Based Electric Vehicle Charging with Dynamic Tariff Decisions." *ComputerScience – Research and Development* 33(1): 71–79.

Kshetri, Nir. 2017a. "Potential Roles of Blockchain in Fighting Poverty and ReducingFinancial Exclusion in the Global South." *Journal of Global Information Technology Management*20(4): 201–204.

Kshetri, Nir. 2017b. "Will Blockchain Emerge as a Tool to Break the Poverty Chain in theGlobal South?" *Third World Quarterly* 38(8): 1710–1732.

Lee, Jong-Hyouk. 2017. "BIDaaS: Blockchain Based ID As a Service." *IEEE Access* 6:2274–2278.

Lerner, Josh, and Jean Tirole. 2002. "Some Simple Economics of Open Source." *The Journalof Industrial Economics* 50(2): 197–234.

Lerner, Josh, and Jean Tirole. 2005. "The Economics of Technology Sharing: Open Sourceand Beyond." *Journal of Economic Perspectives* 19(2): 99–120.

Liu, Chao, Kok Keong Chai, Xiaoshuai Zhang, and Yue Chen. 2019. "Peer-to-Peer ElectricityTrading System : Smart Contracts Based Proof-of- Benefit Consensus Protocol."*Wireless Networks* 1–12.

Lu, Yang. 2018. "Blockchain and the Related Issues: A Review of Current Research Topics."*Journal of Management Analytics* 5(4): 231–255.

Ma, Zhaofeng, Ming Jiang, Hongmin Gao, and Zhen Wang. 2018. "Blockchain for DigitalRights Management." *Future Generation Computer Systems* 89: 746–764.

Mengelkamp, Esther, J. Gärttner, K. Rock, S. Kessler, L. Orsini, and C. Weinhardt. 2018."Designing Microgrid Energy Markets: A Case Study: The Brooklyn Microgrid." *AppliedEnergy* 210: 870–880.

Mengelkamp, Esther, Benedikt Notheisen, Carolin Beer, David Dauer, and Christ of Weinhardt.2018. "A Blockchain-Based Smart Grid: Towards Sustainable Local Energy Markets."*Computer Science – Research and Development* 33(1): 207–214.

Milgrom, P. R., and J. Roberts. 1992. *Economics, Organization and Management.* EnglewoodCliffs, NJ: Prentice-Hall.

Moyano, Parra, and Omri Ross. 2017. "KYC Optimization Using Distributed LedgerTechnology." *Business & Information Systems Engineering* 59(6): 411–423.

Myung, Sein, and Jong-Hyouk Lee. 2018. "Ethereum Smart Contract-Based AutomatedPower Trading Algorithm in a Microgrid Environment." *The Journal of Supercomputing*1–11.

Nagasubramanian, Gayathri, Rakesh Kumar Sakthivel, Rizwan Patan, Amir H. Gandomi,Muthuramalingam Sankayya, and Balamurugan Balusamy. 2018. "Securing E-HealthRecords Using Keyless Signature Infrastructure Blockchain Technology in the Cloud."*Neural Computing and Applications* 1–9.

Nair, Malavika, and Nicolás Cachanosky. 2017. "Bitcoin and Entrepreneurship: Breakingthe Network Effect." *The Review of Austrian Economics* 30(3): 263–275.

Nizamuddin, Nishara, Haya Hasan, Khaled Salah, and Razi Iqbal. 2019. "Blockchain-BasedFramework for Protecting Author Royalty of Digital Assets." *Arabian Journal for Scienceand Engineering* 1–18.

O'Dair, Marcus. 2019. *Distributed Creativity: How Blockchain Technology Will Transform theCreative Economy.* Cham, Switzerland: Palgrave Macmillan.

Pathak, Nishith, and Anurag Bhandari. 2018. *IoT, AI, and Blockchain for. NET: Building anext-Generation Application from the Ground Up.* New

York: Apress Media.

Radanovic, Igor, and Robert Likic. 2018. "Opportunities for Use of Blockchain Technologyin Medicine." *Applied Health Economics and Health Policy* 16(5): 583–590.

Rimba, Paul, An Binh Tran, Ingo Weber, Mark Staples, Alexander Ponomarev, and Xiwei Xu. 2018. "Quantifying the Cost of Distrust: Comparing Blockchain and Cloud Servicesfor Business Process Execution." *Information Systems Frontiers* 1–19.

Risius, Marten, and Kai Spohrer. 2017. "A Blockchain Research Framework." *Business &Information Systems Engineering* 59(6): 385–409.

Roman-Belmonte, Juan M., Hortensia De la Corte-Rodriguez, and E. Carlos Rodriguez-Merchan. 2018. "How Blockchain Technology Can Change Medicine." *Postgraduate Medicine* 130(4): 420–427.

Saberi, Sara, Mahtab Kouhizadeh, Joseph Sarkis, and Lejia Shen. 2018. "Blockchain Technologyand Its Relationships to Sustainable Supply Chain Management." *International Journal of Production Research* 1–19.

Savelyev, Alexander. 2017. "Contract Law 2.0: 'Smart' Contracts as the Beginning of the Endof Classic Contract Law." *Information & Communications Technology Law* 26(2): 116–134.

Schlund, Jonas. 2018. "Blockchain-Based Orchestration of Distributed Assets in Electrical Power Systems." *Energy Informatics* 1(Suppl 1)(39): 411–416.

Stringham, Edward Peter. 2017. "The Fable of the Leeches, or: The Single Most Unrealistic Positive Assumption of Most Economists." *The Review of Austrian Economics* 30(4):401–413.

Stringham, Edward Peter, and J. R. Clark. 2018. "The Crucial Role of

Financial Intermediariesfor Facilitating Trade among Strangers." *The Review of Austrian Economics* 1–13.

Takagi, Soichiro. 2017. "Organizational Impact of Blockchain through DecentralizedAutonomous Organizations." *The International Journal of Economic Policy Studies* 12: 22–41.

Trump, Benjamin D., Emily Wells, Joshua Trump, and Igor Linkov. 2018. "Cryptocurrency:Governance for What Was Meant to Be Ungovernable." *Environment Systems and Decisions*38(3): 426–430.

Unsworth, Rory. 2019. "Smart Contract This! An Assessment of the Contractual Landscapeand the Herculean Challenges It Currently Presents for 'Self-Executing' Contracts."Pp. 17–61 in *Legal Tech, Smart Contracts and Blockchain*, edited by M. Corrales, M.Fenwick, and H. Haapio. Singapore: Springer.

Van Der Elst, Christoph, and Anne Lafarre. 2019. "Blockchain and Smart Contracting forthe Shareholder Community." *European Business Organization Law Review* 1–27.

Wang, Huaiqing, Kun Chen, and Dongming Xu. 2016. "A Maturity Model for BlockchainAdoption." *Financial Innovation* 2(12): 1–5.

Wang, Yingli, Meita Singgih, Jingyao Wang, and Mihaela Rit. 2019. "Making Sense ofBlockchain Technology: How Will It Transform Supply Chains?" *International Journal of Production Economics* 211: 221–236.

Werbach, Kevin. 2018. "Trust, but Verify: Why the Blockchain." *Berkeley Technology Law Journal* 33(2): 487–550.

Williamson, O. E. 1975. *Markets and Hierarchies, Analysis and Antitrust Implications: A Study in the Economics of Internal Organization*. New York: Free Press.

World Bank. 2019. "World Bank ID4D Dataset." https://id4d.worldbank. org/global-dataset.World Food Programme. 2019. "World Food Programme Building Blocks: Blockchain for Zero Hunger." https://innovation.wfp.org/ project/building-blocks.

Yu, Qianchen, Arne Meeuw, and Felix Wortmann. 2018. "Design and Implementation of aBlockchain Multi-Energy System." *Energy Informatics* 1(Suppl 1)(17): 311–318.

Zeilinger, Martin. 2018. "Digital Art as 'Monetised Graphics': Enforcing Intellectual Propertyon the Blockchain." *Philosophy & Technology* 31(1): 15–41.

Zhang, Aiqing, and Xiaodong Lin. 2018. "Towards Secure and Privacy-Preserving DataSharing in e-Health Systems via Consortium Blockchain." *Journal of Medical Systems* 42(140): 1–18.

Zheng, Bao-Kun, Lie-Huang Zhu, Meng Shen, Feng Gao, Chuan Zhang, Yan-Dong Li,and Jing Yang. 2018. "Scalable and Privacy-Preserving Data Sharing Based on Blockchain."*Journal of Computer Science and Technology* 33(3): 557–567.

Zhu, Xiaoyang, and Youakim Badr. 2018. "Identity Management Systems for the Internetof Things: A Survey Towards Blockchain Solutions." *Sensors* 18(12): 1–18.

Zhu, Yan, Khaled Riad, Ruiqi Guo, Guohua Gan, and Rongquan Feng. 2018. "NewInstant Confirmation Mechanism Based on Interactive Incontestable Signature in ConsortiumBlockchain." *Frontiers of Computer Science* 1–16.

Zwitter, Andrej, and Mathilde Boisse-Despiaux. 2018. "Blockchain for Humanitarian Action and Development Aid." *Journal of International Humanitarian Action* 3(16): 1–7.

第十章

Allen, Darcy, Berg, Alastair and Markey-Towler, Brendan (2018) "Blockchain and supplychains: V-Form organisations, value redistributions, de-commoditisation and qualityproxies", available at SSRN: https://ssrn.com/abstract=3299725.

Adams, Scott, (2013) *How to Fail at Almost Everything and Still Win Big*, Portfolio, New YorkBerg, Chris, Davidson, Sinclair and Potts, Jason, (2018a) "Capitalism after Satoshi: Blockchains,dehierarchicalisation, innovation policy and the regulatory state", available at SSRN: https://ssrn.com/abstract=3299734.

Berg, Chris, Davidson, Sinclair and Potts, Jason, (2018b) "Outsourcing vertical integration:Distributed ledgers and the V-Form organisation", available at SSRN: https://ssrn.com/abstract=3300506.

Campbell, Joseph, (1949) *The Hero with a Thousand Faces*, New World Library, Novato.

Dweck, Carol, (2006) *Mindset*, Random House, New York.

Earl, Peter, (2003) "The entrepreneur as a constructor of connections", in Koppl, Roger,Birner, Jack and Kurrild-Klitgaard (eds.), *Austrian Economics and Entrepreneurial Studies*,Emerald Group, Bingley.

Earl, Peter, (2006) "Capability prerequisites and the competitive process", unpublishedmimeo, available at URL: https://espace.library.uq.edu.au/view/UQ:8480.

Earl, Peter, (2017) "Lifestyle changes and the lifestyle selection process", *Journal of Bioeconomics*,19(1), pp. 97–114.

Earl, Peter and Wakeley, Tim, (2010) "Alternative perspectives on connections in economicsystems", *Journal of Evolutionary Economics*,

20(2), pp. 163–183.

Foster, John, (2005) "From simplistic to complex systems in economics", *Cambridge Journalof Economics*, 29(6), pp. 873–892.

Foster, John, (2006) "Why is economics not a complex systems science", *Journal of EconomicIssues*, 40(4), pp. 1069–1091.

Gans, Joshua and Leigh, Andrew (forthcoming) *Innovation and Equality*, Oxford UniversityPress, Oxford.

Herrmann-Pillath, Carsten, (2008) "Consilience and the naturalistic foundations of evolutionaryeconomics", *Evolutionary and Institutional Economics Review*, 5(1), pp. 129–162.

Koestler, Arthur, (1964) *The Act of Creation*, Picador, London.

Loasby, Brian, (2001) "Time, knowledge and evolutionary dynamics: Why connectionsmatter", *Journal of Evolutionary Economics*, 11(4), pp. 393–412.

Loasby, Brian, (2002) *Knowledge, Institutions and Evolution in Economics*, Routledge, London Markey-Towler, Brendan (2018a) "A formal psychological theory for evolutionary economics",*Journal of Evolutionary Economics*, 28(4), pp. 691–725.

Markey-Towler, Brendan, (2018b) "The economics of artificial intelligence", available atSSRN: https://ssrn.com/abstract=2907974.

Markey-Towler, Brendan, (forthcoming a) "Rules, perception and emotion: When do institutionsdetermine behaviour?", *Journal of Institutional Economics.*

Markey-Towler, Brendan, (forthcoming b) "Antifragility, the Black Swan and psychology",*Evolutionary and Institutional Economics Review.*

Mueller, Jennifer, (2017) *Creative Change*, Houghton Harcourt Mifflin, New

York.

Peterson, Jordan B., (1999) *Maps of Meaning*, Routledge, London.

Potts, Jason, Humphreys, John and Clark, Joseph, (2018) "A blockchain-based universalincome", *Medium.com*, available at URL: https://medium.com/@jason.potts/a-blockchain-based-universal-basic-income-2cb7911e2aab (accessed 29/08/2018).

Rosser, Barkley J. and Rosser, Marina V., (2017) "Complexity and institutional evolution",*Evolutionary and Institutional Economics Review*, 14(2), pp. 415–430.

Sinek, Simon (2009) *Start With Why*, Portfolio, New York.

Taleb, Nassim Nicholas, (2007) *The Black Swan*, Penguin, London.

Taleb, Nassim Nicholas, (2012) *Antifragile*, Penguin, London.

Teece, David, Pisano, Gary and Shuen, Amy (1997) "Dynamic capabilities and strategicmanagement", *Strategic Management Journal*, 18(7), pp. 509–533.

Thiel, Peter, (2014) *Zero to One*, Crown Business, New York.

尾声

Anderson, Nate. 2012. "Confirmed: US and Israel Created Stuxnet, Lost Control of It." *ArsTechnica*. Retrieved February 28, 2019, https://arstechnica.com/tech-policy/2012/06/confirmed-us-israel-created-stuxnet-lost-control-of-it/.

Brodkin, Jon. 2019. "Undersea Cable Damage Wipes out Most Internet Access in Tonga Islands."*Ars Technica*. Retrieved February 28, 2019, https://arstechnica.com/information-technology/2019/01/undersea-cable-damage-wipes-out-most-internet-access-in-tonga-islands/.

Matsakis, Louise. 2019. "What Happens If Russia Cuts Itself off from the Internet?" *Wired*.Retrieved February 28, 2019, www.wired.com/story/russia-internet-disconnect-whathappens/.

Schwab, Klaus. 2016. *The Fourth Industrial Revolution*. Geneva: World Economic Forum.

Schwab, Klaus. 2018. *Shaping the Future of the Fourth Industrial Revolution*. Geneva: WorldEconomic Forum.